"一带一路"生态环境遥感监测丛书

"一带一路"
南亚区生态环境遥感监测

牛 铮 郝鹏宇 黄 妮 田海峰 康 峻 李 旺 著

科学出版社

北 京

内 容 简 介

南亚地区地形复杂、生态类型多样、保护区分布广泛，具有良好的自然生态环境系统，也是全球最易遭受自然灾害的地区之一。本书利用遥感技术，在宏观获取南亚区域多要素地表信息的基础上，系统分析南亚的生态系统状况和主要生态环境的约束因素、主要经济走廊的生态资源分布和建设的限制因素、主要节点城市的宜居水平和扩展潜力。相关成果提供了南亚区生态环境的本底状况，为"中巴经济走廊"和"孟中印缅经济走廊"的建设提供生态环境影响和灾害风险规避等方面的决策依据。

本书可供国土资源和生态环境保护机构及从事资源、环境、生态、遥感与地理信息系统等领域的科研部门、大专院校相关专业师生借鉴和参考。

审图号：GS(2018)6802 号

图书在版编目（CIP）数据

"一带一路"南亚区生态环境遥感监测/牛铮等著. —北京：科学出版社，2019.6

（"一带一路"生态环境遥感监测丛书）

ISBN 978-7-03-051282-6

Ⅰ.①一⋯ Ⅱ.①牛⋯ Ⅲ.①区域生态环境-环境遥感-环境监测-南亚 Ⅳ.① X87

中国版本图书馆 CIP 数据核字 (2016) 第 320027 号

责任编辑：丁传标　石　珺　朱海燕 / 责任校对：樊雅琼

责任印制：吴兆东 / 封面设计：图阅社

科 学 出 版 社 出版

北京东黄城根北街 16 号

邮政编码：100717

http://www.sciencep.com

北京虎彩文化传播有限公司 印刷

科学出版社发行　各地新华书店经销

*

2019 年 6 月第 一 版　开本：787×1092　1/16

2021 年 1 月第三次印刷　印张：5 3/4

字数：130 000

定价：99.00 元

（如有印装质量问题，我社负责调换）

丛书出版说明

2013 年 9 月和 10 月，习近平主席在出访中亚和东南亚国家期间，先后提出了共建"丝绸之路经济带"和"21 世纪海上丝绸之路"（简称"一带一路"）的重大倡议。2015 年 3 月 28 日，国家发展和改革委员会、外交部和商务部联合发布《推动共建丝绸之路经济带和 21 世纪海上丝绸之路的愿景与行动》（简称《愿景与行动》），"一带一路"倡议开始全面推进和实施。

"一带一路"陆域和海域空间范围广阔，生态环境的区域差异大，时空变化特征明显。全面协调"一带一路"建设与生态环境保护之间的关系，实现相关区域的绿色发展，亟须利用遥感技术手段快速获取宏观、动态的"一带一路"区域多要素地表信息，开展生态环境遥感监测。通过获取"一带一路"区域生态环境背景信息，厘清生态脆弱区、环境质量退化区、重点生态保护区等，可为科学认知区域生态环境本底状况提供数据基础；同时，通过遥感技术快速获取"一带一路"陆域和海域生态环境要素动态变化，发现其生态环境时空变化特点和规律，可为科学评价"一带一路"建设的生态环境影响提供科技支撑；此外，重要廊道和节点城市高分辨率遥感信息的获取，还将为开展"一带一路"建设项目投资前期、中期、后期生态环境监测与评估，分析其生态环境特征、发展潜力及可能存在的生态环境风险提供重要保障。

在此背景下，国家遥感中心联合遥感科学国家重点实验室于 2016 年 6 月 6 日发布了《全球生态环境遥感监测 2015 年度报告》，首次针对"一带一路"开展生态环境遥感监测工作。年报秉承"一带一路"倡议提出的可持续发展和合作共赢理念，针对"一带一路"沿线国家和地区，利用长时间序列的国内外卫星遥感数据，系统生成了监测区域现势性较强的土地覆盖、植被生长状态、农情、海洋环境等生态环境遥感专题数据产品，对"一带一路"陆域和海域生态环境、典型经济合作走廊与交通运输通道、重要节点城市和港口开展了遥感综合分析，取得了系列监测结果。因年度报告篇幅有限，特出版《"一带一路"生态环境遥感监测丛书》作为补充。

丛书基于"一带一路"国际合作框架，以及"一带一路"所穿越的主要区域的地理位置、自然地理环境、社会经济发展特征、与中国交流合作的密切程度、陆域和海域特点等，分为蒙俄区（蒙古和俄罗斯区）、东南亚区、南亚区、中亚区、西亚区、欧洲区、非洲东北部区、海域、海港城市共 9 个部分，覆盖 100 多个国家和地区，针对陆域 7 大区域、

6个经济走廊及26个重要节点城市的生态环境基本特征、土地利用程度、约束性因素等，以及12个海区、13个近海海域和25个港口城市的生态环境状况进行了系统分析。

丛书选取2002～2015年的FY、HY、HJ、GF和Landsat、Terra/Aqua等共11种卫星、16个传感器的多源、多时空尺度遥感数据，通过数据标准化处理和模型运算生成31种遥感产品，在"一带一路"沿线区域开展土地覆盖、植被生长状态与生物量、辐射收支与水热通量、农情、海岸线、海表温度和盐分、海水浑浊度、浮游植物生物量和初级生产力等要素的专题分析。在上述工作中，通过一系列关键技术协同攻关，实现了"一带一路"陆域和海域上的遥感全覆盖和长时间序列的监测，实现了国产卫星与国外卫星数据的综合应用与联合反演多种遥感产品；实现了遥感数据、地表参数产品与辅助分析决策的无缝链接，体现了我国遥感科学界在突破大尺度、长时序生态环境遥感监测关键技术方面取得的创新性成就。

丛书由来自中国科学院遥感与数字地球研究所、中国科学院地理科学与资源研究所、国家海洋局第二海洋研究所、中国林业科学研究院资源信息研究所、北京师范大学、清华大学、中国科学院烟台海岸带研究所、中国科学院新疆生态与地理研究所等8家单位的9个研究团队共50余位专家编写。丛书凝聚了国家高技术研究发展计划（863计划）等科技计划研发成果，构建了"一带一路"倡议启动期的区域生态环境基线，展示了这一热点领域的最新研究成果和技术突破。

丛书的出版有助于推动国际间相关领域信息的开放共享，使相关国家、机构和人员全面掌握"一带一路"生态环境现状和时空变化规律；有助于中国遥感事业为"一带一路"沿线各国不断提供生态环境监测服务，支持合作框架内有关国家开展生态环境遥感合作研究，共同促进这一区域的可持续发展。

中国作为地球观测组织(GEO)的创始国和联合主席国，通过GEO合作平台，有意愿和责任向世界开放共享其全球地球观测数据，并努力提供相关的信息产品和服务。丛书的出版将有助于GEO中国秘书处加强在"一带一路"生态环境遥感监测方面的工作，为各国政府、研究机构和国际组织研究环境问题和制定环境政策提供及时准确的科学信息，进而加深国际社会和广大公众对"一带一路"生态建设与环境保护的认识和理解。

李加洪　刘纪远
2016年11月30日

前　言

　　"一带一路"南亚陆域途经区域范围广阔，自然环境复杂多样，既有高原、山地，又有富饶的平原。南亚受热带季风的强烈影响，降水分布不均，地震、洪涝、泥石流等自然灾害频发，生态环境要素异动频繁。全面协调"一带一路"建设与生态环境可持续发展，亟须利用遥感技术手段快速获取宏观、动态的全球及区域多要素地表信息，开展生态环境遥感监测。

　　本书通过获取"一带一路"南亚区域生态环境的背景信息，厘清生态脆弱区、环境质量退化区、重点生态保护区等，可为科学认知区域生态环境本底状况提供数据基础。同时，通过遥感技术快速获取生态环境要素动态变化，发现其生态环境时空变化特点和规律，可为科学评价"一带一路"建设的生态环境影响提供科技支撑。此外，重要廊道和节点城市高分辨率遥感信息的获取，还将为开展"一带一路"建设项目投资前期、中期、后期生态环境监测与评估，分析其生态环境特征、发展潜力及可能存在的生态环境风险提供重要保障。相关成果不仅可为"一带一路"倡议的实施规划方案制定提供现实性和基础性的生态环境信息，而且可作为"一带一路"倡议实施过程中的生态环境动态监测评估的基准。数据产品将无偿与相关国家和国际组织共享，共同促进区域可持续发展。

　　本书从南亚区域范围到经济走廊再到重要节点城市生态环境状况监测，实现了面—线—点的层层递进分析。秉承"一带一路"倡议提出的可持续发展和合作共赢理念，本书针对"一带一路"南亚沿线区域，利用土地覆盖、植被生长状态、农情、环境等方面的生态环境遥感专题数据产品对南亚区、"中巴经济走廊"、"孟中印缅经济走廊"及新德里、卡拉奇等4个重要节点城市的生态环境基本特征、土地利用程度、约束性因素等进行了系统分析，取得了系列且非常有意义的监测结果。

　　全书共分为4章，第1章介绍南亚生态环境特点与社会经济发展背景，由牛铮、郝鹏宇、黄妮编写；第2章介绍南亚主要生态资源分布与生态环境限制，由郝鹏宇、康峻编写；第3章介绍南亚区"一带一路"重要节点城市，由郝鹏宇、田海峰、李旺编写；第4章介绍南亚区主要经济合作走廊和交通运输通道，由郝鹏宇编写。全书由牛铮、郝鹏宇统合定稿。

　　科学出版社编辑们为本书的出版付出了辛勤的劳动，并提出了许多建设性的意见和建议，参与项目的其他老师和同学们为本书的出版也作出了极大的贡献，在此一并表示衷心的感谢。

由于作者的水平有限，加上"一带一路"及全球生态环境监测与评价是国家政策和科学研究的热点领域，涉及面广，书中难免有疏漏和不足，敬请读者和同行专家批评指正。

牛　铮　郝鹏宇

2018 年 11 月 11 日

目　录

第1章　生态环境特点与社会经济发展背景

1.1　区位特征

南亚是亚洲的一个亚区，泛指喜马拉雅山脉以南，西起帕米尔高原，东至中缅边界的地域（图 1-1）。南亚由南亚次大陆和附近印度洋中的岛屿共同构成；其中，南亚次大陆是喜马拉雅山以南至印度洋的大陆部分。北部的喜马拉雅山脉、西北部的兴都库什山脉以及东北部的那加山脉把南亚与亚洲的其他部分隔开。而南部的孟加拉湾、阿拉伯海、印度洋进一步使南亚在地理上形成一个相对独立的单元。南亚的主要国家有印度、巴基斯坦、孟加拉国、尼泊尔、不丹、斯里兰卡、马尔代夫和阿富汗[①]。

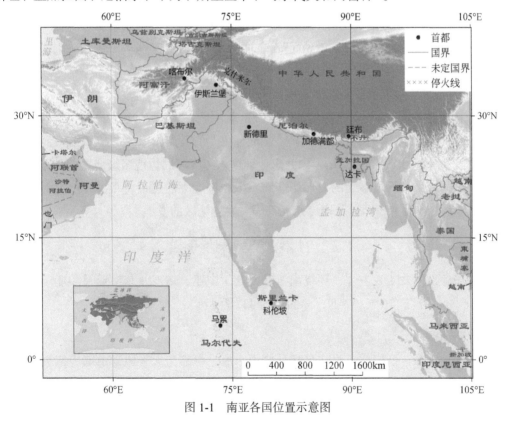

图 1-1　南亚各国位置示意图

---

① 阿富汗位于西亚、南亚和中亚交汇处。由于气候和地形与巴基斯坦相近，本书暂且将阿富汗归属南亚。

1.1.1 南亚是"一带一路"的重要区域

进入 21 世纪后，南亚在亚洲地区乃至国际上的影响力逐渐扩大：一方面，南亚作为欧亚大陆的新兴地缘中心，扼守亚洲和大洋洲通向欧洲和非洲的水上交通要道，靠近波斯湾产油区，俯视着东西方重要的石油通道，其战略地位非常重要；另一方面，南亚濒临中国西部边疆地区，其发展形势影响中国西部边陲即新疆维吾尔自治区和西藏自治区的安全、稳定和发展。通过"一带一路"倡议的实施，中国将进一步在文化、经济、贸易和反恐等方面加强与南亚各国的合作，这对于促进南亚地区局势的安全与稳定，以及中国的能源保障和边疆发展有着重要意义[①]。

1.1.2 "中巴经济走廊"和"孟中印缅经济走廊"是"一带一路"的重要廊道

"一带一路"倡议将重点在南亚建设"中巴经济走廊"和"孟中印缅经济走廊"。

"中巴经济走廊"是一条包括公路、铁路、油气和光缆通道在内的贸易走廊；起点在中国的喀什，终点在巴基斯坦的瓜达尔港，全长 3000km，北接"丝绸之路经济带"，南连"21 世纪海上丝绸之路"，是贯通南北丝路关键枢纽，也是"一带一路"的重要组成部分。公路方面，中巴喀喇昆仑公路是"中巴经济走廊"的重要组成部分，目前中国和巴基斯坦的陆路贸易全部通过该公路完成。铁路方面，巴基斯坦 1 号铁路干线是"中巴经济走廊"的重要组成部分，该铁路从卡拉奇向北经拉合尔、伊斯兰堡至白沙瓦，全长 1726km，是巴基斯坦最重要的南北铁路干线。

"孟中印缅经济走廊"南起印度港口城市金奈，终点为中国的昆明，途经贝纳博尔、达卡、锡莱特、腊戍、木姐、瑞丽、龙陵、大理等重要的节点城市。"孟中印缅经济走廊"地处南亚和东南亚的交汇之处，是中国西南地区进入印度洋周边地区最便捷的陆路通道，连接着中印这两个世界上最大的发展中国家。该经济走廊的建设将很大程度上促进中国西南省份与缅甸、孟加拉国以及印度东北部等欠发达地区的发展[①②]。

1.2 自然地理背景特征

南亚以南亚次大陆为主体，环绕南亚有西亚、中亚、东亚、东南亚及印度洋，地理范围为 60°E ～ 97°E，0°～ 37°N，总面积约 437 万 km²。

1.2.1 地形地貌

南亚地形分为三个部分：北部是喜马拉雅山地，中部为大平原，南部为德干高原和东西两侧的海岸平原。

---

① 《中国国家地理》编辑部 . 2015. "一带一路十月特刊" . 北京：《中国国家地理》杂志社。
② 2017 全球生态环境遥感监测——"一带一路"生态环境状况 . http://www.chinageoss.org/geoarc/2017/b/index.html。

南亚按地形地貌划分，主要包括山地、沙漠和平原三个部分（图 1-2）。山地主要分布于南亚东北部、西北部和南部，东北部为喜马拉雅山南麓山地，平均海拔超出 6000m，西北部为兴都库什山脉，海拔 2500 ~ 4000m，南部为德干高原，海拔 450 ~ 900m。沙漠集中分布于兴都库什山脉西面，平均海拔 1000m。平原主要分布于南亚中部的印度河平原和恒河平原，以及德干高原东西两侧的海岸平原，海拔高度为 150 ~ 300m，河网密布，利于农业发展。南亚东部的孟加拉湾地势低洼（海拔高度低于 30m），戈达瓦里河、克里希纳河等河流自西而东注入孟加拉湾。

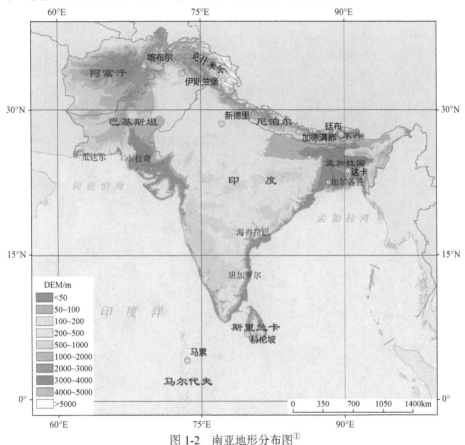

图 1-2　南亚地形分布图[①]

1.2.2　气候

南亚以三种热带气候类型为主：热带季风气候、热带雨林气候和热带沙漠气候（Peel et al.，2007）。

南亚的印度、尼泊尔、不丹、孟加拉国、斯里兰卡和巴基斯坦南部位于北纬 30° 以南，

---

① DEM：数字高程模型。

总体上全年气温较高，年平均气温高于20℃；但喜马拉雅山南麓海拔较高，气温较低。南亚次大陆受热带季风影响，降水较多，大部分地区年降水量在1000mm以上，由于喜马拉雅山阻挡了暖湿气流向北移动，导致喜马拉雅山南麓西南季风迎风坡降水丰富。南亚西北部来自阿拉伯海的暖湿气流由于吉尔伯山脉阻挡，降水稀少。受气温和降水共同影响，南亚的气候存在明显的空间差异（图1-3）。东北部喜马拉雅山地属高山气候；印度半岛、恒河平原、喜马拉雅山脉南麓属热带季风气候；印度西北部、巴基斯坦南部（印度河流域）和阿富汗南部属热带沙漠气候；马尔代夫群岛和斯里兰卡岛南部接近赤道，属热带雨林气候。

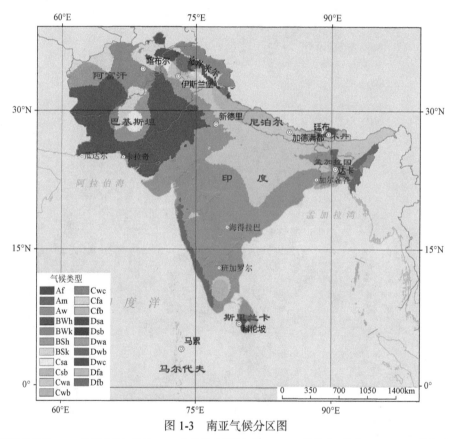

图1-3 南亚气候分区图

Af. 热带雨林气候区；Am. 热带季风气候区；Aw. 热带稀树草原气候区；BSh. 热带草原气候区；BSk. 温带草原气候区；BWh. 热带沙漠气候区；BWk. 温带沙漠气候区；Cfa. 夏季炎热型气候区；Cfb. 夏季温暖型气候区；Csa. 夏季炎热型地中海式气候区；Csb. 夏季温暖型地中海式气候区；Cwa. 夏季炎热型（亚热带季风性湿润气候）气候区；Cwb. 夏季温暖型气候区；Cwc. 温带凉爽型气候区；Dfa. 夏季炎热型温带湿润气候区；Dfb. 夏季温暖型温带湿润气候区；Dsa. 夏季炎热型常湿冷温气候区；Dsb. 夏季温暖型常湿冷温气候区；Dwa. 夏季炎热型温带大陆性气候区；Dwb. 夏季温暖型温带大陆性气候区；Dwc. 夏季凉爽型温带大陆性气候区

1.2.3 水文

南亚有三大河流，即印度河、恒河、布拉马普特拉河，河流总体水流量大，水能资源丰富，河流径流量季节和年际变化大（图 1-4）。

印度河和恒河是南亚的主要河流。印度河发源于中国西藏，流经塔尔沙漠，注入阿拉伯海。印度河总长度 2900～3200km，是巴基斯坦主要河流，也是巴基斯坦重要的农业灌溉水源。恒河位于印度北部，发源于喜马拉雅山南侧，它横越北印度平原（即恒河平原），流经北方邦，下游与布拉马普特拉河汇合后，流入孟加拉湾。布拉马普特拉河在中国境内称为雅鲁藏布江，中游在印度境内，下游在孟加拉国注入孟加拉湾。此外，赫尔曼德河也是南亚主要河流之一，发源于阿富汗首都喀布尔市以西约 40km 处，河流由东向西南方向流动，是阿富汗最重要的河流之一。

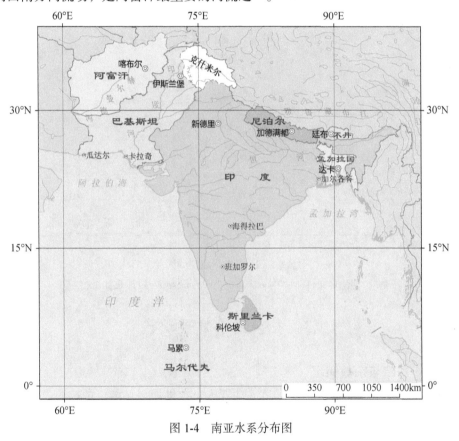

图 1-4　南亚水系分布图

1.2.4　植被

南亚主要的植被类型为热带和亚热带阔叶林、荒漠干旱灌丛和山地草原灌丛（Olson et al.，2001）。其中，热带和亚热带湿阔叶林主要分布在印度半岛西海岸、恒河流域、孟加拉湾沿岸地区、德干高原东侧和斯里兰卡西南部；热带和亚热带干阔叶林主要分布在德干高原和斯里兰卡大部。荒漠和干旱灌丛主要分布在德干高原东侧、印度北部、巴基斯坦及阿富汗（图 1-5）。

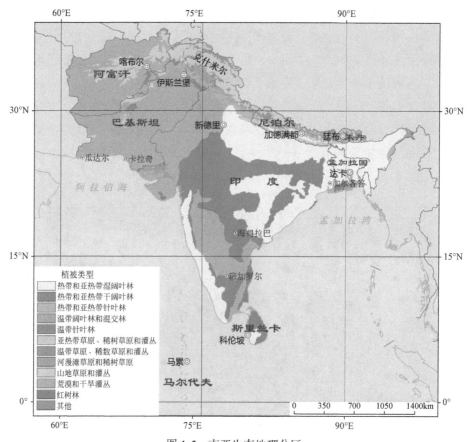

图 1-5　南亚生态地理分区

数据来源：Olson D M，Dinerstein E，Wikramanayake ED，et al. 2001.

1.3　社会经济发展现状

1.3.1　人口、民族与宗教简况

南亚文明历史悠久，人口稠密，印度是南亚人口数量最多且增长最快的国家。印度教、伊斯兰教和佛教是南亚的三大宗教。

2014 年，南亚地区总人口 17.21 亿（表 1-1），其中人口最多的国家是印度，人口为 12.95 亿，人口总数居世界第二，人口 5000 万以上的国家还包括巴基斯坦和孟加拉国。马尔代夫面积仅 300km²，但人口却有 35.7 万人，是南亚人口密度最大的国家。从 2001 年到 2014 年，南亚各国人口呈逐年增加的态势（图 1-6），印度人口增加幅度最大，远远超过其他各国。巴基斯坦和孟加拉国的人口增长幅度分别位居南亚地区的第二、第三名，

其他国家的人口较少，且增长缓慢。

表 1-1　南亚国家概况（数据截至 2014 年）

国家	人口 / 万人	GDP/ 亿美元	面积 /km²	人口密度 / （人 /km²）	首都
阿富汗	3162.8	208.4	652300	48	喀布尔
巴基斯坦	18504.4	2468.8	796000	232	伊斯兰堡
印度	129529.2	20669.0	2980000	435	新德里
尼泊尔	2817.5	18.2	147181	191	加德满都
不丹	76.5	196.4	38394	20	廷布
孟加拉国	15907.8	1738.2	147570	1078	达卡
斯里兰卡	2063.9	749.4	65610	315	科伦坡
马尔代夫	35.7	30.3	300	1190	马累

数据来源：世界银行 WDI 数据库（https：//data.worldbank.org.cn/）。

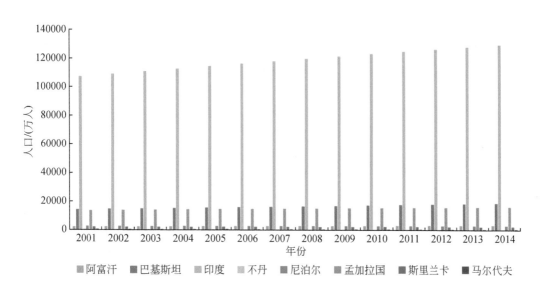

图 1-6　2001 ～ 2014 年南亚地区各国人口变化

南亚各国民族众多，据不完全统计，约有 30 多个民族，包括印度民族及其周边各国的民族，如印地族、乌尔都族等。佛教、印度教和伊斯兰教是南亚的主要宗教。其中佛教起源于南亚，是部分南亚国家居民信仰的主要宗教；印度教与伊斯兰教是南亚目前的两大宗教，这两大宗教对南亚产生了巨大的影响。

1.3.2 社会经济状况

南亚各国国内生产总值（GDP）逐年增长，印度GDP总值在南亚地区遥遥领先，但人均GDP处于中等偏下水平。

南亚大部分地区光照、热量充足，降水充沛、灌溉水源丰富，地势平坦且土地肥沃，有利于农作物的生长和种植业的发展。南亚种植的农作物主要包括水稻、小麦、棉花、黄麻和茶叶等，其中水稻和小麦是南亚的主要粮食作物；黄麻和茶叶是南亚的主要经济作物，其产量均居世界首位，黄麻和茶叶也是向中国出口的重要农产品。南亚的矿产资源地理分布不均衡，石油资源主要分布在印度和巴基斯坦两国；天然气主要分布在印度、巴基斯坦与孟加拉国三国；煤、铁矿石主要分布在印度。南亚各国作为中国进出口的重要合作伙伴，势必与中国的发展有着密切的关系，在"一带一路""引进来，走出去"思想的引领下，通过对外交流合作平台，将使双方社会经济发展进入国际市场，达到互利共赢的新局面。

据世界银行数据统计，2001～2014年，南亚各国国内生产总值（GDP）呈现出逐年增长的状态，经济水平不断提高，尤其是印度GDP上升幅度最大（图1-7）。1990年以后，印度经济开始转为市场经济，GDP增长幅度远远超过南亚其他各国。虽然印度GDP总值在南亚地区遥遥领先，但人均GDP仅为1595美元/人（截至2014年），居民收入处于中等偏下水平。巴基斯坦GDP总值仅次于印度，孟加拉国和斯里兰卡的GDP分别位

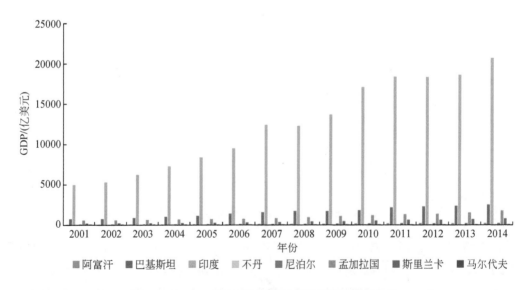

图 1-7　2001～2014年南亚地区各国GDP增长趋势

数据来源：世界银行WDI数据库（https://data.worldbank.org.cn/）

居于南亚地区的第三、第四名，但这些国家的人均收入也处于中等偏下水平（图 1-8）。其他国家的国内生产总值则相对较低，发展相对缓慢。马尔代夫人均 GDP 位居南亚地区第一，高达 8483 美元/人，而阿富汗人均 GDP 在南亚地区则为最低，仅为 658 美元/人。

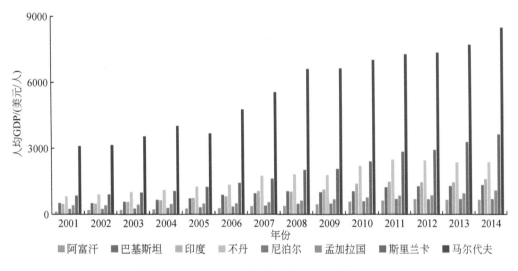

图 1-8　2001 ~ 2014 年南亚地区各国人均 GDP

据世界贸易组织数据统计，2014 年南亚各国中，除马尔代夫与中国没有进出口贸易往来外，其他国家对中国的进口贸易总额要明显大于对中国的出口贸易（图 1-9）。中国是巴基斯坦和印度对外最大进口贸易国家，从中国进口的贸易量分别占巴基斯坦和印度进口贸易总量的 20.2% 和 12.7%。其次，中国是斯里兰卡和尼泊尔对外第二大进口贸易国家，从中国进口的贸易总量占斯里兰卡和尼泊尔进口贸易总量的 17.7% 和 9.4%。另外，

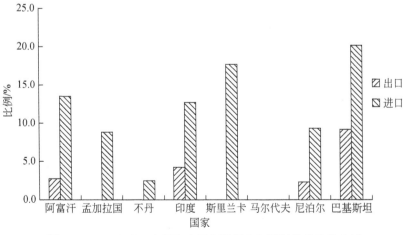

图 1-9　2014 年南亚各国与中国贸易量占各国贸易总量的比例

中国还是阿富汗和孟加拉国对外第三大进口贸易国家，从中国进口的贸易量分别占阿富汗和孟加拉国进口贸易总量的 13.5% 和 8.8%。不丹从中国进口的贸易量占其进口贸易总量的比例较小，仅为 2.5%。南亚各个国家中，巴基斯坦是南亚各国中对中国出口贸易最大的国家，占其出口贸易总量的 9.1%，其次是印度、阿富汗和尼泊尔。孟加拉国、不丹、斯里兰卡与中国几乎没有出口贸易往来（图 1-9）。

1.3.3 城市发展状况

南亚的城市主要分布于印度河平原、恒河平原和印度东南沿海，2000～2013 年，印度南部和北部的城市呈大幅度增加趋势，城市发展迅速。

城市夜间灯光数据可以直接反映一个城市的繁华程度，从 2013 年南亚地区灯光数据（图 1-10）可以看出南亚的城市主要分布于印度河平原、恒河平原和印度东南沿海。这些城市地形平坦，气候温暖，而且靠近海洋或河流，交通便利，城市夜间灯光亮度较高。2000～2013 年南亚的灯光指数变化趋势显示了各国城市在这十几年间发展的空间差异

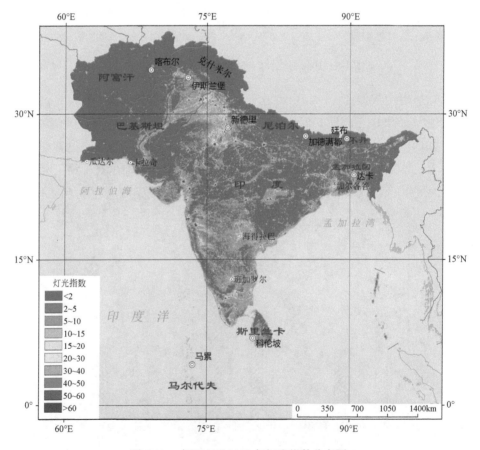

图 1-10　南亚地区 2013 年灯光指数分布图

明显（图 1-11）。印度南部的主要城市，呈现明显扩张趋势，例如孟买、班加罗尔、海得拉巴。此外，印度北部的哈里亚纳邦和旁遮普邦、巴基斯坦的旁遮普省、印度南部的马哈拉施特拉邦、泰伦加纳邦、安得拉邦、泰米尔纳德邦、印度东部的西孟加拉邦，其灯光指数也呈大幅度增加趋势，城市发展迅速。

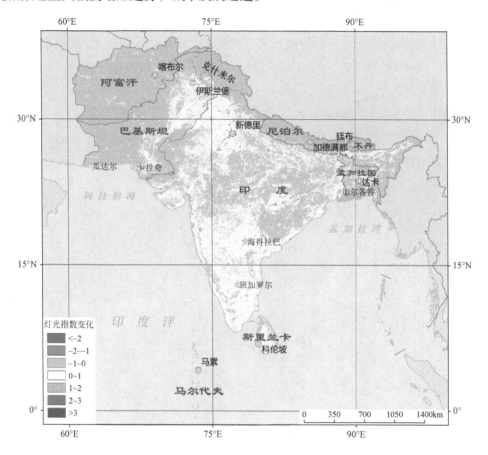

图 1-11　南亚地区 2000～2013 年灯光指数变化趋势图

1.4　小　　结

　　南亚北部连接"丝绸之路经济带"，南部连接"21 世纪海上丝绸之路"，是沟通"一带一路"的重要交通枢纽。"一带一路"将重点在南亚建设"中巴经济走廊"和"孟中印缅经济走廊"，这势必会进一步拉近中国与南亚各国的双边贸易关系，加强物资流通，对经济贸易、社会发展、文化交流发挥着举足轻重的作用。

　　南亚地形南北两侧为山地和高原，中间为低平原，受到独特的地形影响，气候主要为热带季风气候、热带雨林气候和热带沙漠气候。南亚气候分布存在明显差异，导致自然资源分布呈多样性特点。热带林是南亚主要植被类型，可以划分为湿热带林、干热带林、山地亚热带林，广泛分布于南亚次大陆。南亚地表水资源丰富，印度河、恒河、布拉马普特拉河三大河流，河流径流量季节和年际变化大。

南亚人口稠密，印度是南亚人口数量最多且增长最快的国家。印度教、伊斯兰教和佛教是南亚的三大宗教。南亚各国国内生产总值（GDP）逐年增长，印度 GDP 在南亚地区位居前列，但人均 GDP 处于中等偏下水平。南亚的城市主要分布于印度河平原、恒河平原和印度东南沿海，2000～2013 年，印度南部和北部的城市发展迅速，城市夜间灯光亮度显著增强。

本章使用遥感数据监测南亚区域内主要生态资源分布与生态环境限制，评估其对"一带一路"的基础设施建设的需求与承载能力，从生态环境角度为"一带一路"建设提供数据支撑和辅助决策依据。

第2章 主要生态资源分布与生态环境限制

南亚地区地表覆盖类型多样、生物多样性丰富、自然保护区分布广泛，具有世界上独一无二的喜马拉雅南麓山地生态系统。然而，局部地区土地荒漠化、水资源匮缺、土地退化等自然因素，以及密集的人口分布，使得南亚成为全球人地关系最为紧张的地区之一。脆弱的生态环境、严酷的气候条件、巨大的资源需求等成为南亚地区发展以及"一带一路"倡议实施的重要障碍和限制因素。

2.1 土地覆盖与土地开发状况

2.1.1 土地覆盖

1. 农田、森林和裸地是南亚地区主要的土地覆盖类型

南亚主要土地覆盖类型包括（图2-1、图2-2）：农田、森林和裸地等。其中，农田总面积为279.5万 km²，占南亚区域总面积的55.91%；主要分布在光照、热量充足，降水充沛、灌溉水源丰富，地势平坦而且土地肥沃的印度河–恒河平原和德干高原及其以东地区。其次是森林，面积为64.7万 km²（占南亚总面积的12.94%），主要分布于喜马拉雅山南麓、德干高原东侧、孟加拉湾沿岸地区、安达曼群岛和南亚次大陆西侧海岸带。由于地形和北纬30°副热带高压的影响，裸地（荒漠）主要分布在克什米尔地区、阿富汗南部、巴基斯坦西南部、印度西部和北部，总面积为63.2万 km²（占南亚总面积的12.64%）。草地总面积为48.1万 km²（占南亚总面积的9.62%），主要分布在阿富汗北部、巴基斯坦中部和喜马拉雅山南麓。灌丛总面积为26.7万 km²（占南亚总面积的5.34%），主要分布在巴基斯坦中部和阿富汗中部。地表水体总面积为4.58万 km²（占南亚总面积的0.92%），主要分布在印度河流域和恒河流域。冰雪主要分布于喜马拉雅山南麓的高海拔地区，其总面积为4.87万 km²（占南亚总面积的0.97%）。南亚人类活动对土地覆盖有显著影响，人造地表总面积为8.27万 km²（占南亚总面积的1.65%）。

2. 南亚各国土地覆盖类型结构差别显著

南亚各国之间，土地覆盖类型结构差别显著（图2-3、表2-1）。农田和森林是印度最主要的两种土地覆盖类型，面积分别为223.55万 km²和49.15万 km²，占其国土面积的72.32%和15.9%，均居南亚首位。农田和裸地是巴基斯坦的主要土地覆盖类型，面积

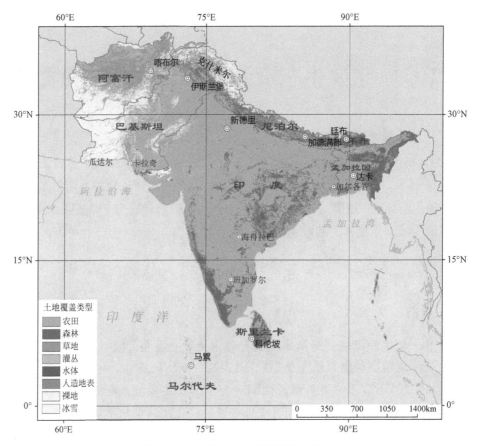

图 2-1　2014 年南亚土地覆盖类型分布

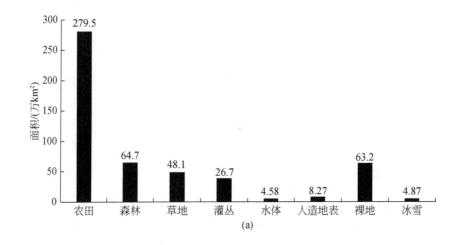

(a)

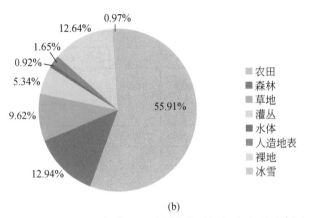

(b)

图 2-2　2014 年南亚土地覆盖类型面积（a）及比例（b）

分别为 31.3 万 km² 和 28.5 万 km²，占其国土面积的 35.69% 和 32.51%。孟加拉国主要的土地覆盖类型为农田，面积为 9.3 万 km²，占其国土面积的 68.02%，其他土地覆盖类型的比例均低于 15%。斯里兰卡和不丹拥有大量森林，面积分别为 3.54 万 km² 和 2.88 万 km²，占其国土面积的 53% 和 33.95%。阿富汗的土地覆盖类型主要为草地和裸地，面积分别是 24.28 万 km² 和 25.28 万 km²，占其国土面积的 37.85% 和 39.41%。印度和孟加拉国的城镇化水平最高，人造地表面积分别为 5.47 万 km² 和 1.82 万 km²。

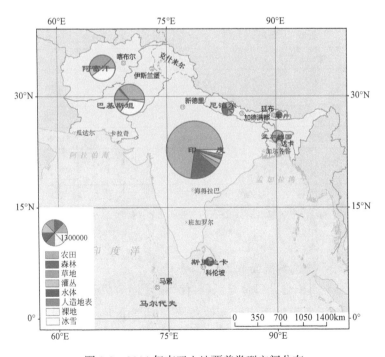

图 2-3　2014 年南亚土地覆盖类型空间分布

表 2-1　2014 年南亚各国土地覆盖结构

国家	指标	农田	森林	草地	灌丛	水体	人造地表	裸地	冰雪
阿富汗	总面积 /km²	78318.68	3761.22	242819.35	58370.63	1073.94	1219.25	252848.56	3199.60
	人均面积 /（km²/万人）	24.76	1.19	76.77	18.46	0.34	0.39	79.95	1.01
	占国土面积 /%	12.21	0.59	37.85	9.10	0.17	0.19	39.41	0.50
巴基斯坦	总面积 /km²	313034.58	15696.94	105350.81	122712.83	5583.85	6666.32	285121.43	22958.22
	人均面积 /（km²/万人）	16.92	0.85	5.69	6.63	0.3	0.36	15.41	1.24
	占国土面积 /%	35.69	1.79	12.01	13.99	0.64	0.76	32.51	2.62
不丹	总面积 /km²	1667.92	28815.05	5054.16	981.42	22.91	4.67	449.42	735.92
	人均面积 /（km²/万人）	21.8	376.66	66.07	12.83	0.3	0.06	5.87	9.62
	占国土面积 /%	4.42	76.37	13.40	2.60	0.06	0.01	1.19	1.95
孟加拉国	总面积 /km²	93026.20	17289.04	1839.32	235.74	5554.34	18183.32	639.38	0.00
	人均面积 /（km²/万人）	5.85	1.09	0.12	0.01	0.35	1.14	0.04	0.00
	占国土面积 /%	68.02%	12.64	1.34	0.17	4.06	13.30	0.47	0.00
尼泊尔	总面积 /km²	50829.78	54987.73	23344.15	3878.85	71.1	434.29	9817.25	4244.66
	人均面积 /（km²/万人）	18.04	19.52	8.29	1.38	0.03	0.15	3.48	1.51
	占国土面积 /%	34.44	37.25	15.81	2.63	0.05	0.29	6.65	2.88
斯里兰卡	总面积 /km²	22682.45	35407.86	4977.04	362.76	1732.48	1521.00	127.45	—
	人均面积 /（km²/万人）	10.99	17.16	2.41	0.18	0.84	0.74	0.06	0.00
	占国土面积 /%	33.95	53.00	7.45	0.54	2.59	2.28	0.19	0.00
印度	总面积 /km²	2235516.29	491487.53	97808.67	80276.59	31615.03	54689.63	83025.59	16936.21
	人均面积 /（km²/万人）	17.26	3.79	0.76	0.62	0.24	0.42	0.64	0.13
	占国土面积 /%	72.32	15.90	3.16	2.60	1.02	1.77	2.69	0.55

注：表中面积小于 0.01km²、人均面积小于 0.01km²/万人和百分比小于 0.01% 的均未显示，马尔代夫各项数据偏小，故未列出；"—"表示无数据。

3. 南亚各国土地覆盖类型面积人均水平差异较大

由于南亚各国国土面积与人口差异悬殊,使得各国土地覆盖类型人均面积差异较大。印度是农业大国,农田面积远超南亚其他各国,但是由于人口众多,农田人均面积为 17.26km²/万人（Gong et al., 2013；Yu et al., 2014）,位列阿富汗、不丹、尼泊尔之后。阿富汗农田人均面积达 24.76km²/万人,居南亚各国之首。森林的人均占有量以不丹为首,高达 376.66km²/ 万人，该国森林总面积并不是很大，但人口稀少，人均拥有的森林资源遥遥领先。草地的人均占有量以阿富汗和不丹为多，分别为 76.77km²/ 万人和 66.07km²/万人，远超南亚其他各国。阿富汗与不丹的灌丛人均占有量也远超南亚其他各国，分别为 18.46km²/ 万人和 12.83km²/ 万人。人造地表的人均占地面积以孟加拉国最大，为 1.14km²/万人。相比之下，不丹的人均人造地表面积非常低，仅为 0.06km²/ 万人，可见该国城市发展水平较低。

2.1.2 土地开发强度

印度与孟加拉国土地开发强度较高，主要体现为城镇建设和农田垦殖。

对比南亚土地开发强度（图 2-4）与南亚土地覆盖类型（图 2-2），南亚土地开发强度最高的类型为人造地表，开发强度接近 1.0，主要分布在城市建成区；农田的土地开发强度较高，可达 0.8 ~ 0.9；森林、草地和灌丛的土地开发强度较低，为 0.4 ~ 0.5；裸地的开发强度最低，不到 0.1。南亚各国中，印度、孟加拉国具有较高的土地开发强度，因

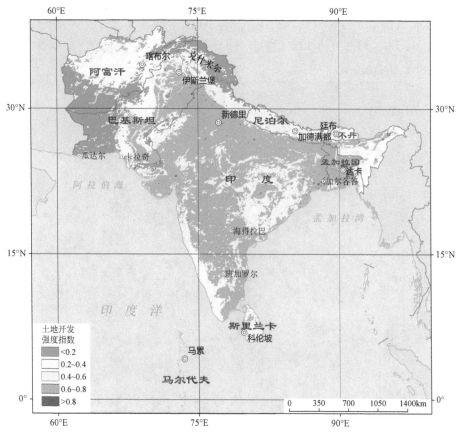

图 2-4 2014 年南亚土地开发强度指数分布图

其主要土地利用类型为农田垦殖与建设性开发；巴基斯坦东部与南部沿印度河流域的农田、人造地表地区土地开发强度较高，中部、西部与北部的山地地区以及东南部与印度交界的塔尔沙漠，土地开发强度较低；阿富汗具有广泛的草地与裸地分布，开发强度较低，而在北部农田分布地区和中部地区零星有较高的土地开发强度；尼泊尔和不丹为山地国家，具有较高的森林覆盖度，土地开发强度均较低，在零星分布的农田和人造地表土地开发强度较高（庄大方和刘纪远，1997）。

2.2 气候资源分布

2.2.1 气温分布格局

南亚气温垂直地带性和纬向地带性分异明显，随海拔升高，气温降低。

2014年南亚年平均气温空间分布如图2-5所示，由于海拔效应显著，喜马拉雅山脉南麓的尼泊尔、不丹及阿富汗北部山区大部分地区年平均气温低于15℃，个别地区在0℃以下。位于热带和亚热带地区的南亚气温空间分布差异性较大，印度东部、北部，孟加拉国年平均气温在20～25℃，巴基斯坦南部、印度南部、斯里兰卡和马尔代夫年平均气温普遍高于25℃，局部可达30℃左右。

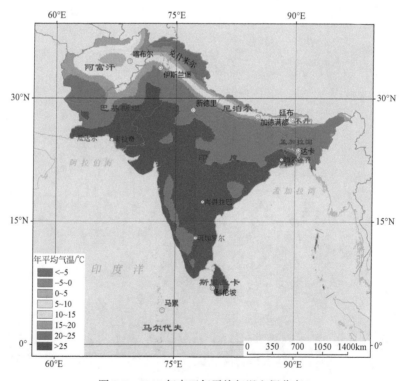

图2-5 2014年南亚年平均气温空间分布

2.2.2　水分分布格局

1. 南亚降水受热带季风与地形影响，地区差异明显

2014 年南亚年降水量空间分布如图 2-6 所示，位于热带季风气候区迎风坡的巴基斯坦北部、印度北部、尼泊尔、不丹与孟加拉国年降水量普遍高于 2000mm。印度西侧海岸带，斯里兰卡与马尔代夫受季风影响，年降水量也高于 2000mm。德干高原受地形抬升影响热带季风水汽输送，年降水量少于 1500mm。巴基斯坦和阿富汗南部受热带荒漠气候影响，年降水量低于 500mm。

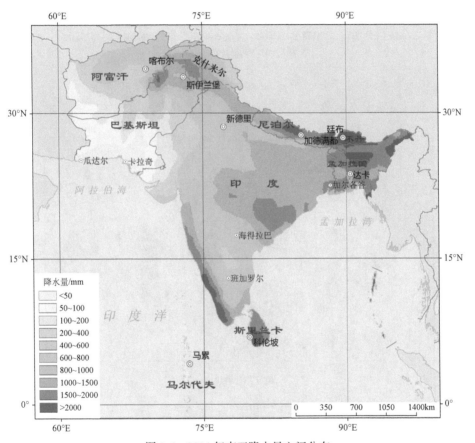

图 2-6　2014 年南亚降水量空间分布

2014 年南亚各国的年降水量按国家统计分析如图 2-7 所示，由于热带荒漠气候的影响，阿富汗与巴基斯坦年平均降水量低于 500mm，其中阿富汗的年降水量为区域最低，为 385.3mm，尼泊尔、不丹、孟加拉国和斯里兰卡的年降水量达 1500mm 以上，其中不丹平均年降水量高达 2421mm。

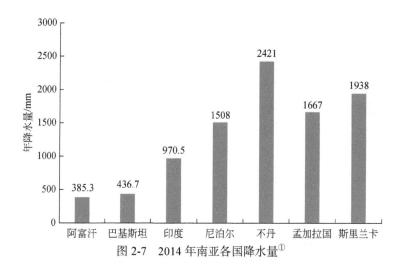

图 2-7　2014 年南亚各国降水量①

2. 南亚地表实际蒸散量大，时空分布与降水分布呈一定正相关

2014 年南亚蒸散量空间分布如图 2-8 所示，位于热带季风气候区的斯里兰卡岛和孟

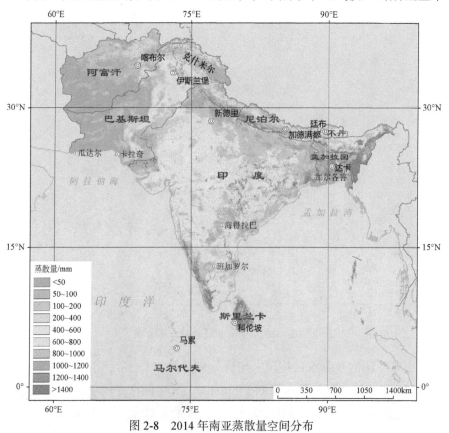

图 2-8　2014 年南亚蒸散量空间分布

① 此图数据通过遥感数据产品计算获得，由于马尔代夫面积较小，在遥感产品中无数据记录，所以此图未包含马尔代夫数据，下同。

加拉国广泛发育热带雨林和热带季雨林，并且冠层郁闭度较高，地表蒸散发活动强烈，蒸散量高达 1000mm 以上；印度西侧海岸带、喜马拉雅山脉南麓主要处于热带季风迎风坡，蒸散量也达 1000mm 以上；恒河平原与德干高原由于海拔高、降水量较少，导致蒸散量略低，大致在 700mm 以上；阿富汗与巴基斯坦大部分地区蒸散量明显低于南亚其他地区，大致在 500mm 以下。

2014 年南亚各国的蒸散量按国家统计分析如图 2-9 所示，南亚各国之间的蒸散量差异较大，其中斯里兰卡和孟加拉国 2014 年的蒸散量超过 1000mm。阿富汗和巴基斯坦存在大量荒漠地区，蒸散量分别为 85.2mm 和 223.1mm，在南亚各国中为最低值。不丹主要为山地地区，气温较低而植被覆盖与冰雪覆盖较高，导致蒸散量在南亚各国中仅略高于阿富汗和巴基斯坦，为 546.3mm。

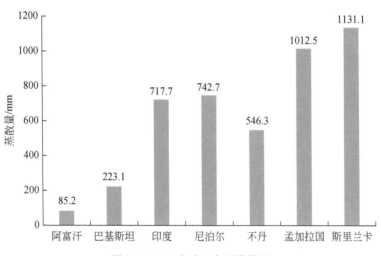

图 2-9　2014 年南亚各国蒸散量

3. 南亚水分盈余空间分布差异较大，部分地区存在水分亏缺

2014 年南亚水分盈亏空间分布如图 2-10 所示，大部分地区水分盈余充足，喜马拉雅山脉南麓的尼泊尔、不丹、印度北部与巴基斯坦北部地区，水分盈余可达 2000mm 以上，印度与巴基斯坦交界的荒漠地带、德干高原中部存在一定程度水分亏缺。水分盈亏与降水量多少的空间分布特征较为一致。

南亚各国在 2014 年均有水分盈余（图 2-11）。各国水分盈余占降水总量的比例差异较大。印度水分盈余约占降水总量的 1/4 左右，因其国内存在较多水分亏缺地区。尽管阿富汗降水稀少，但蒸散量同样很低，使得该国水分盈余占降水总量的 4/5 左右。不丹水分盈余也占该国降水量的 4/5 左右，原因在于该国位于喜马拉雅山脉南麓迎风坡，具有较高的降水量，以及山地地区气温较低，具有较低的蒸散量。

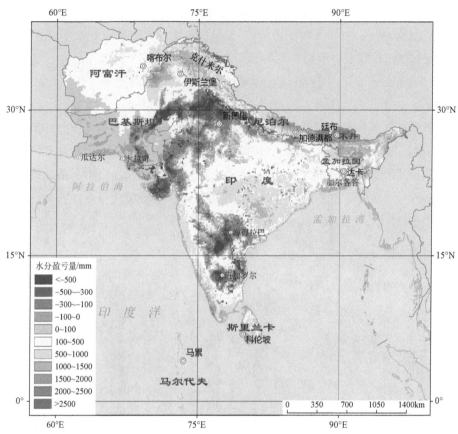

图 2-10 2014 年南亚水分盈亏量空间分布

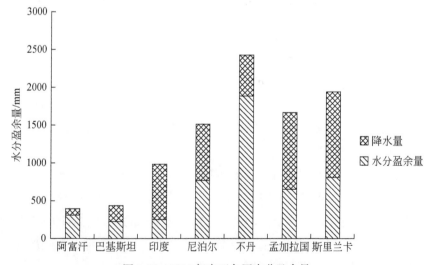

图 2-11 2014 年南亚各国水分盈余量

2.3 主要生态资源分布

2.3.1 农田生态系统

1. 印度、巴基斯坦和孟加拉国是南亚的主要粮食产区

气温、降水差异以及土壤条件共同决定了农作物的种类和空间分布（Hao et al., 2014）。南亚种植的农作物主要包括水稻、小麦、棉花、黄麻和茶叶等。水稻是南亚最主要的农作物，集中分布于印度东北平原、西部沿海地区和孟加拉国西部等气温较高、降水充沛的地区（Wu et al., 2014；2017）。小麦在南亚的种植面积仅次于水稻，主要分布于相对干旱少雨的德干高原西北部；棉花主要分布于降水较少的德干高原西部和巴基斯坦。黄麻和茶叶是南亚的主要经济作物，其产量均居世界首位。黄麻主要分布于气候湿热、地势低平的恒河三角洲，茶叶主要分布于气候湿润、排水性较好的布拉马普特拉河（即雅鲁藏布江下游）两岸坡地。

2. 南亚地区农作物受水热条件差异的影响，种植模式从一年一熟到一年三熟

复种指数分布状况（图 2-12）表明，德干高原及其以东地区作物的种植模式为一年

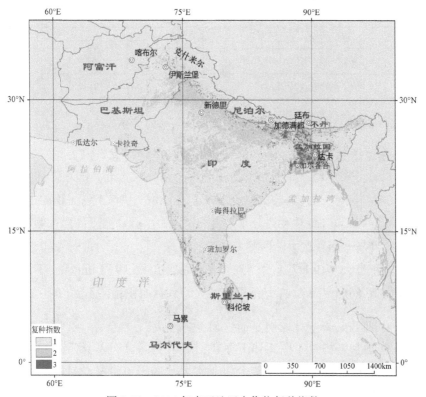

图 2-12　2014 年南亚地区农作物复种指数

一熟，主要作物品种为小麦。德干高原北部和恒河平原主要为一年二熟的种植模式。在孟加拉湾沿岸地区，由于光照、热量和降水充足，耕地利用强度较强，部分区域熟制为一年三熟。

3. 南亚主要粮食生产国为印度、巴基斯坦和孟加拉国，水稻和小麦是主要粮食作物

印度、巴基斯坦和孟加拉国为南亚的主要粮食生产国。印度是南亚最大的粮食生产国，总产量为27279万t，其中，水稻的产量最高（15696万t），人均产量为1211.77t/万人。其次为小麦（总产量9566万t，人均产量738.52t/万人）。巴基斯坦的主要粮食作物为小麦，其总产量为2439万t，人均产量为1318.06t/万人。孟加拉国也是主要的水稻产区，其水稻产量为5087万t；人均产量为3197.81t/万人（表2-2）。南亚玉米的产量相对较小，印度、巴基斯坦的玉米产量分别为2017万t和471万t。

表 2-2　南亚主要产粮国大宗粮食作物产量

国家	指标	玉米	水稻	小麦
印度	总产量/万t	2017	15696	9566
	人均产量/（t/万人）	155.72	1211.77	738.52
巴基斯坦	总产量/万t	471	949	2439
	人均产量/（t/万人）	254.53	512.85	1318.06
孟加拉国	总产量/万t		5087	
	人均产量/（t/万人）		3197.81	

2.3.2　森林生态系统

1. 南亚地区以干热带林和湿热带林为主，森林资源丰富

南亚地区森林分布广泛，干热带林分布于整个南亚次大陆，湿热带林主要分布于孟加拉湾一带。2014年南亚的森林总面积为64.7万km²，占南亚总面积的12.95%，人均森林面积为3.8km²/万人。森林主要分布于喜马拉雅山山脉、德干高原东侧、孟加拉湾沿岸地区、安达曼群岛、南亚次大陆西侧海岸带。

印度森林面积最大（49.1万km²），其次是尼泊尔（5.49万km²）。不丹拥有最大的人均森林面积（376.66km²/万人），其他国家的人均森林面积相差不大（0～20km²/万人）。

2. 南亚森林地上生物量存在明显的空间分布差异

南亚的森林地上生物量（图2-13）存在明显的空间分布差异，其空间分布格局与森林类型有明显关系。广泛分布于整个南亚次大陆的干热带林，林冠稀疏，林下灌丛丰富，森林地上生物量为100～120t/hm²。总体上讲，喜马拉雅山南麓海拔1800m至

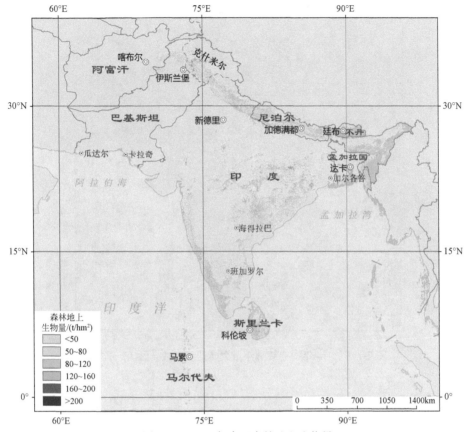

图 2-13　2014 年南亚森林地上生物量

3800m 处的森林地上生物量为 70 ~ 90t/hm²，喜马拉雅山高海拔地区森林地上生物量较低（大约 60t/hm²）。孟加拉湾沿岸地区主要分布着湿热带林，森林地上生物量较高，为 100 ~ 120t/hm²。

3. 南亚地区森林年最大 LAI 空间分布差异不明显

2014 年南亚地区森林年最大 LAI 空间分布特征如图（2-14）。其空间分布差异不大，森林年最大 LAI 普遍高于 5；而在西高止山脉、若开山脉北部以及斯里兰卡东部等地区，其年最大 LAI 可达 7 以上。

4. 南亚地区森林 NPP 空间差异显著

南亚地区森林净初级生产力（NPP）具有明显的空间分布差异（图 2-15），其空间分布格局受地形条件影响明显。高海拔地区如喜马拉雅山南麓、德干高原西部的西高止山脉、若开山脉北部等，其 NPP 普遍高于 200gC/（m²·a）；而受人类活动影响较大的平缓地区，如印度平原，其森林 NPP 普遍低于 100gC/（m²·a）。

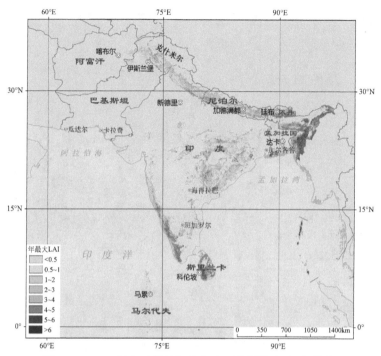

图 2-14　2014 年南亚森林年最大叶面积指数（LAI）分布

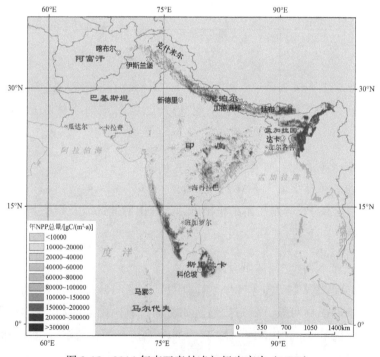

图 2-15　2014 年南亚森林净初级生产力（NPP）

2.3.3　草地生态系统

1. 南亚地区草地分布集中

2014 年南亚的草地面积为 48.1 万 km²，人均草地面积为 2.8km²/ 万人。草地分布集中于北纬 25°～35°，东经 60°～80°。阿富汗地处温带大陆性气候，常年高温少雨，具有最大的草地分布面积，占南亚草地总面积的 50.4%。巴基斯坦中部和印度沿喜马拉雅山脉的狭长地带均有大量草地分布，其草地面积均分别占南亚草地总面积的 21.9% 和 20.3%。阿富汗和不丹的人均草地面积最高，分别为 76.8km²/ 万人和 66.1km²/ 万人。

2. 南亚草地植被覆盖度普遍偏低

南亚草地类型主要为荒漠草原，主要分布于阿富汗南部的赫尔曼德沙漠和巴基斯坦 - 印度的塔尔沙漠，2014 年南亚草地植被覆盖度（图 2-16）较低，大多数地区不超过 0.5。

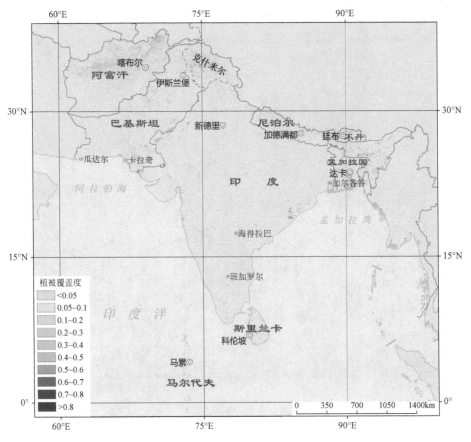

图 2-16　2014 年南亚草地植被覆盖度分布

3. 南亚地区草地 NPP 与最大 LAI 普遍较低，空间分布差异不明显

草地净初级生产力（图 2-17）与草地年最大 LAI（图 2-18）分布表明，大部分南亚荒漠草地的 NPP 与年最大 LAI 均较低，NPP 为 10 ～ 30gC/（m² · a），年最大 LAI 小于 2。虽然南亚的荒漠草原生产力与叶面积指数较低，但毗邻沙漠，具有重要的防风固沙的生态功能。另外，荒漠生态系统的生态系统稳定性较低，不合理的人为活动容易破坏生态系统平衡。喜马拉雅山南麓的高山草甸与布拉马普特拉河流域附近的河谷草地，虽然面积较小，但其单位面积 NPP ［＞ 200gC/（m² · a）］与年最大 LAI（＞ 5）均较高，对该地区生态环境具有十分重要的影响。

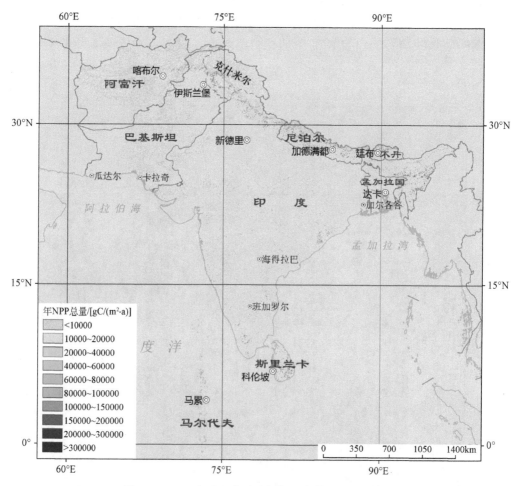

图 2-17　2014 年南亚草地净初级生产力（NPP）分布

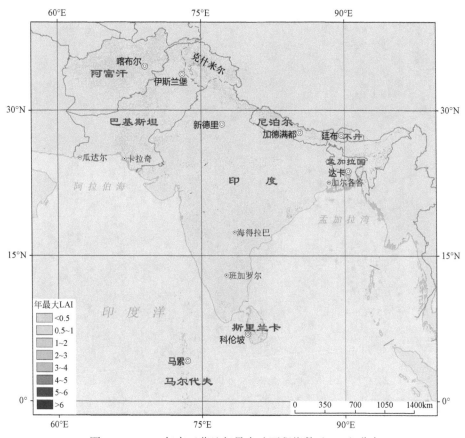

图 2-18　2014 年南亚草地年最大叶面积指数（LAI）分布

2.4　"一带一路"开发活动的主要生态环境限制

2.4.1　自然环境限制

1. 高海拔、大坡度是"一带一路"基础设施建设可能的自然限制因素

喜马拉雅山脉主要部分在我国与印度、尼泊尔的交界线上。全长约 2400km，宽 200～300km，自然环境严酷。该地区海拔较高（平均海拔高于 6000m），气温低、气压低、空气稀薄，号称"世界屋脊""第三极"。喜马拉雅山南坡，处在北印度洋西南季风潮湿气流的迎风坡，其降水量为 2000～3000mm，雪线高度较低（在 4500m 左右）。喜马拉雅山南坡地形陡峻，坡度较大，多在 30°以上（图 2-19）。因而，低温、坡度较大等严酷的自然环境导致喜马拉雅山脉南坡地区不利于开发和利用。

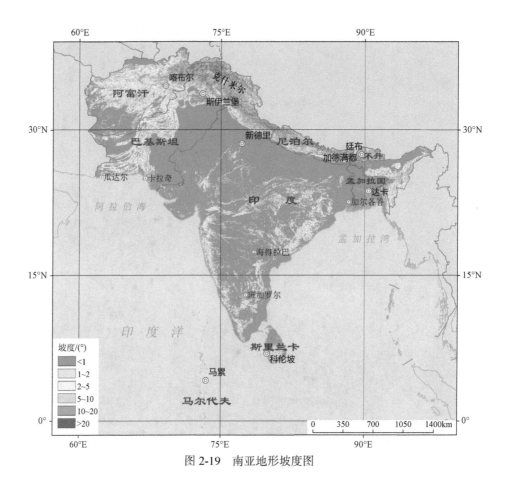

图 2-19　南亚地形坡度图

2. 恶劣的荒漠自然环境与土地退化限制了南亚地区土地的开发和利用

兴都库什山是世界上最大的山脉之一,其东段主要分布于阿富汗 - 巴基斯坦边境到多拉山口,该地区为整个山系中最高的一段,海拔高于 7000m 的高峰有 20 多座,其中蒂里奇米尔峰海拔 7690m,为整个山脉的最高峰。高耸的山脉不仅阻断了交通,而且切断了从印度洋南来的暖湿气流,使阿富汗和巴基斯坦西部分布着大量荒漠,夏季高温、冬季寒冷而且全年少雨。恶劣的自然条件限制了该地区土地的开发和利用。

南亚地区是全球人地关系最为紧张的地区之一,南亚土地退化区域广泛分布在印度河流域,德干高原和喜马拉雅山南麓地区。脆弱的生态环境严酷的气候条件与土地退化对该区域的粮食安全和经济社会发展产生了严重影响,巨大的资源需求等成为限制南亚地区发展以及"一带一路"实施的重要障碍和限制因素(图 2-20)。

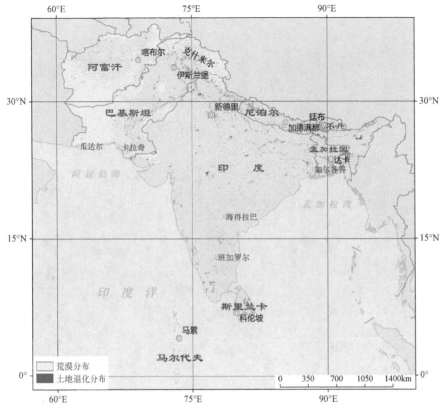

图 2-20　南亚荒漠和土地退化区域分布

2.4.2　自然保护对开发的限制

1. 在 "一带一路" 基础设施建设中如何兼顾生态资源开发和生态环境的保护是一个关键问题

为有效保护生态环境、生物多样性及可持续发展，南亚各国设立了不同类型的自然保护区（图 2-21、图 2-22）。保护区总共 993 个，总面积 22.8 万 km^2，约占整个南亚地区总面积的 5.2%。按世界自然保护联盟类型定义，南亚地区自然保护区主要包括国家公园 110 个，总面积 6.48 万 km^2，遍布于南亚各个国家和地区；陆地／海洋景观保护区 10 个，总面积 0.16 万 km^2，主要分布在巴基斯坦境内，由于长期的人类活动和自然作用形成了独具特色的景观，同时具有生态和文化价值；物种／生境保护区 383 个，总面积 12.81 万 km^2，在南亚所有自然保护区类型中所占面积比例最大，有力地保护了野生动物栖息地的自然环境，对动植物物种的保护、资源的长期管理，以及科学研究和环境监测做出了重大贡献；严格自然条件保护区 70 个，总面积 0.16 万 km^2，对保护南亚高寒、荒漠、干旱半干旱地区物种资源多样性发挥了重要作用，同时对保存南亚地区完整的生

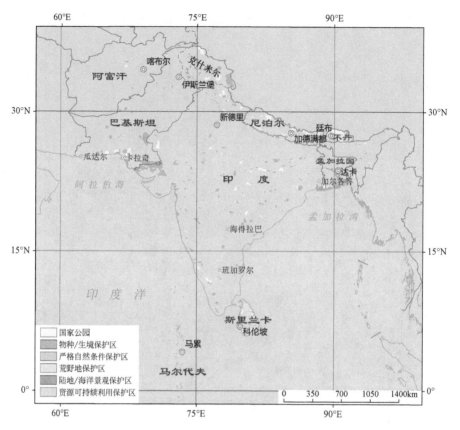

图 2-21　南亚保护区分布图

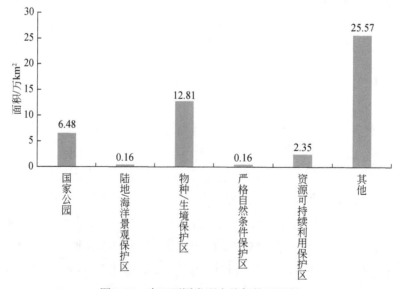

图 2-22　南亚不同类型自然保护区面积

态系统具有世界性的意义；资源可持续利用保护区 33 个，总面积 2.35 万 km²，从长远角度保护和维持了南亚地区的生物多样性和自然资源；此外，南亚地区还拥有其他各类自然保护区共计 668 个，总面积为 25.57 万 km²。

南亚 8 个国家都设有自然保护区，且各国的自然保护区面积差异显著（图 2-23、图 2-24），其中印度的自然保护区占整个南亚自然保护区总面积的 46.26%，其次占比较大的是巴基斯坦（24.74%）和尼泊尔（9.96%）。不丹的自然保护区是其国土面积的49.90%，是各国自然保护区占本国国土面积比例最大的国家，由此可见不丹对保护生态系统的重视。

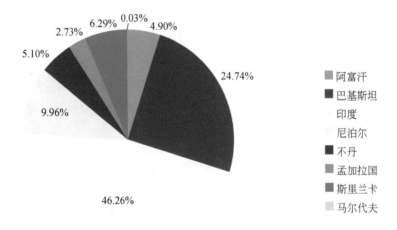

图 2-23　南亚各国保护区占保护区总面积比

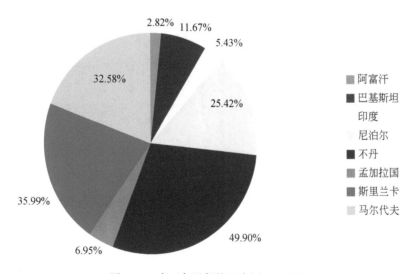

图 2-24　南亚各国保护区占国土面积比

针对南亚地区分布众多的自然保护区，在"一带一路"实施过程中，需从可持续发展的角度出发，保护南亚地区脆弱生态系统的稳定性，尽可能避开对自然保护区及其他具有重要生态环境意义地区的影响和破坏，明确将生态可持续发展作为南亚地区可持续发展的重要方向。

2. 喜马拉雅山南麓对全球气候和生物多样性研究具有重要价值，需注意维持经济发展与生态保护之间的平衡

印度东北部的3个邦(阿萨姆邦、那加兰邦、曼尼普尔邦)，处于北部高耸的青藏高原-喜马拉雅山脉与东部缅印交界的那加山脉之间，地势北高南低、山脉南北纵列。在夏季，有利于孟加拉湾热带暖湿气团向北深入；在冬季，北部高山又阻挡了北方干冷气团的南侵。因此，该地区水热条件充足、降水充沛、干湿季明显，地形复杂、垂直分异的山地气候带又使得该区域分布有森林、荒漠、草地、湿地等多种类型的原生生态系统和异常丰富的动植物基因库。该区域将为探讨南亚地区物种起源与分化，全球生物多样性研究提供重要参考价值，具有极为重要的研究意义，因此在"一带一路"建设时需注意维持该地区经济发展与生态保护之间的平衡。

2.5 小 结

南亚地处热带季风、热带干湿季气候区，土地覆盖以森林、农田和裸地为主，自然保护区分布广泛，具有良好的自然生态环境。南亚地区地表覆盖面积最大、分布最广的是农田，主要分布在南亚次大陆地区，占南亚地区总面积的55.91%。由于气温适宜、降水充沛、部分地区（如孟加拉湾沿岸地区）的耕地利用状况较好，孟加拉湾沿岸地区的熟制为一年三熟。森林在南亚地区分布面积仅次于农田，占南亚区域总面积的12.95%，印度半岛和喜马拉雅山南麓森林植被生长状况良好，森林覆盖率和森林生物量较高。

南亚地区的自然保护区分布广泛，共993个，总面积占整个南亚地区总面积的5.2%。主要包括国家公园、陆地/海洋景观保护区、物种/生境保护区、严格自然条件保护区、资源可持续利用保护区和其他自然保护区。这些保护区是全世界动植物丰富的物种基因库，具有重要的生物多样性维护功能。

南亚部分地区自然条件严酷，海拔高度较高且地形坡度较大，"一带一路"建设中开发利用困难较大。南亚西北部的阿富汗属于温带大陆性气候、分布有大量沙漠，自然条件严酷，基础设施建设困难较大。另外喜马拉雅山南麓对全球气候和生物多样性研究具有重要科学价值，需注意维持经济发展与生态保护之间的平衡。

第3章 重要节点城市分析

南亚北连中亚,南临广袤的印度洋,"中巴经济走廊"和"孟中印缅经济走廊"是维系中国与南亚地区发展的重要纽带。新德里、达卡、卡拉奇和班加罗尔是该纽带上的重要节点城市,这些节点城市在"一带一路"倡议的实施过程中起着重要的桥梁作用(图3-1)。

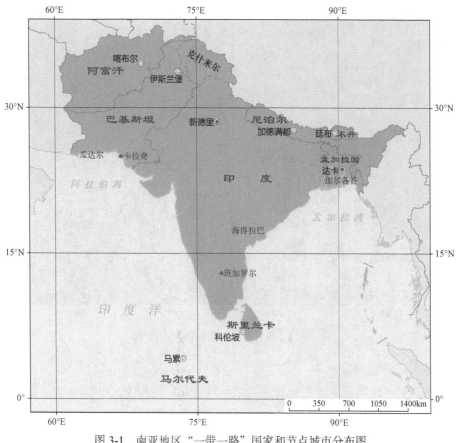

图3-1 南亚地区"一带一路"国家和节点城市分布图

3.1 新 德 里

3.1.1 概况

新德里是印度首都,是铁路、公路和航空的交通枢纽,在"一带一路"中发挥着重要作用。

新德里位于印度的西北部,是印度的政治、经济和文化中心,也是印度北方最大的商业中心之一(图3-2)。新德里是在古老的德里城基础上扩建发展起来的,建成区面积为1482km²。2011年新德里及其广大郊区的人口为2270万人,居世界第二位。在南亚,新德里是铁路、公路和航空的交通枢纽,其中,新德里市郊的巴兰机场现已成为南亚最重要的国际机场。

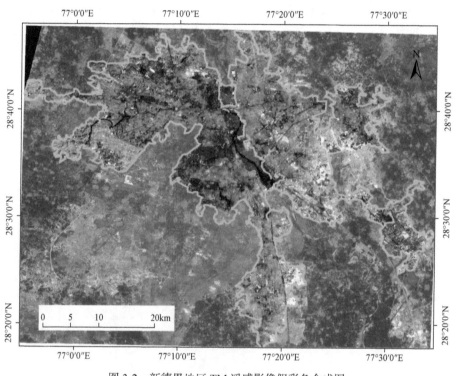

图3-2 新德里地区TM遥感影像假彩色合成图

3.1.2 典型生态环境特征

新德里城东有恒河支流亚穆纳河流经,河对岸是广阔的恒河平原。气候温和,主要以热带季风气候为主,冬季受东北风影响,夏季盛行西南风。按照气温和降雨的不同,一年可以分为凉季(10月至次年3月)、热季(4~6月)和雨季(7~9月)。凉季平均气温14℃左右,热季平均气温38℃左右。

1. 新德里城市人造地表占地比为73.08%,农田覆盖率为13.54%

新德里市建成区建筑分布较密集,人造地表的总面积为1083.12km²(图3-3),占城区面积的73.08%。新德里的水体面积为115.48km²,占城区总面积的7.79%,亚穆纳河流经新德里城区。城区裸地面积为 82.77km^2，占城区总面积的 5.58%，主要分布在新德里东部。通常，人造地表含量较高的区域温度较高，生态环境质量相对较低（Hao et al.，2016）。

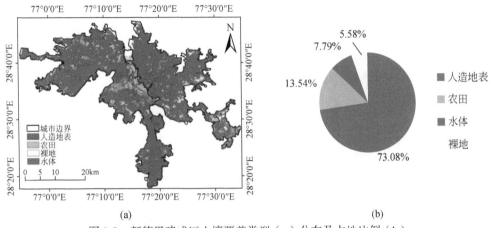

图 3-3　新德里建成区土壤覆盖类型（a）分布及占地比例（b）

2. 新德里城市周边以农田为主

以 2010 年土地覆盖数据（空间分辨率 30m）为基础，以新德里建成区周边 10km 缓冲区为界线，分析其周边生态环境状况（图 3-4）。新德里建成区外的农田占地面积为 1958.19km^2，以城中心为圆点向四周呈放射性分布。城市周边人造地表占地面积为 555.1km^2，占地比例为 21.93%。缓冲区内的水域分布较少，面积约为 15.89km^2，以恒河支流亚穆纳河为主。

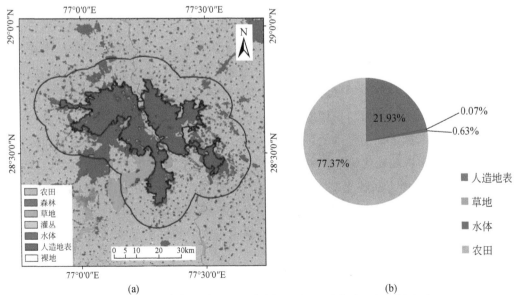

图 3-4　新德里建成区周边土地覆盖类型（a）及占地面积比例（b）

3.1.3 城市发展潜力评估

新德里城市建成区西部灯光指数相对饱和、周边卫星城市增长速度较快，发展空间和潜力较大。

图 3-5（a）为新德里 2013 年城市夜间灯光指数分布图，图 3-5（b）为 2000～2013 年夜间灯光指数变化趋势图。由此可知，2000～2013 年总共 14 年间，新德里城市扩张非常明显，不仅城市中心区继续向外扩展，城市周边的小城镇和公路沿线的居民区均出现明显扩展。整个城市及其周边地区形成了一种以新德里市区为中心向周边卫星城市放射性分布的趋势。

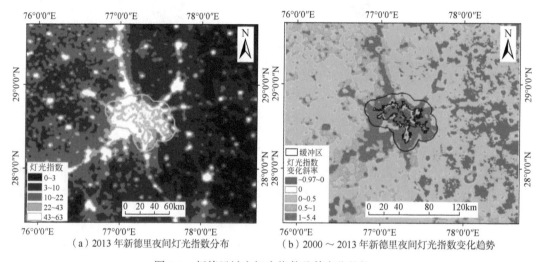

（a）2013 年新德里夜间灯光指数分布　　（b）2000～2013 年新德里夜间灯光指数变化趋势

图 3-5　新德里城市灯光指数及其变化趋势

新德里作为印度首都，将在中印经济贸易往来中发挥着重要作用，也是中国海上丝绸之路发展的重要节点城市。几年来，新德里城市发展进程非常迅速，主要体现在日益改善的工业经济和基础设施建设。形成了以新德里为中心，周边为古尔冈、法里达巴德、诺伊达和加济阿巴德等四座卫星城市围绕的经济发展城市群。多座桥梁、多条公路和铁路互通。随着这些卫星城市与新德里的交流密切，新德里为周边城市在工业、金融、交通等方面的发展起到了举足轻重的带动作用。相应地，卫星城市的发展也将为新德里在经济发展、招商引资和现代化进程中起到促进作用。然而，与其他发展中国家城市化进程中面临的问题相似，新德里在工业和经济发展迅速的同时，也伴随着公共基础设施落后、水电供应不足和道路交通拥堵等问题，这些将为中印"一带一路"合作提出一定的挑战。"一带一路"合作的日益推进也将为新德里的城市发展带来不一样的生机和活力。

3.2　达　　卡

3.2.1　概况

达卡是"一带一路"中，"孟中印缅经济走廊"的重要节点城市（图 3-6）。

达卡位于恒河三角洲布里甘加河北岸，是孟加拉国的首都，也是孟加拉国第一大城市，人口超过 1500 万。达卡还是达卡专区首府，是孟加拉国政治、经济、文化中心。达卡历史悠久，被称为"清真寺之城"，颇具民族风情的穆斯林纺织品非常闻名。达卡在孟加拉国的城市之中有着最高的识字率和最多样的经济结构。虽然其城市基础设施是全国最发达的，但仍面临着环境污染、交通堵塞、供应短缺等多方面的挑战。最近几十年来，达卡实现了运输、通信和公共建设的现代化，吸引了可观的国外投资，商业和贸易稳步发展。达卡气候温暖湿润，雨季时雨量为 2500mm，市内和郊区到处是香蕉、芒果和其他各种各样的树木，城市生态环境良好。

图 3-6　达卡地区 TM 遥感影像假彩色合成图

3.2.2　典型生态环境特征

达卡市区位于海拔为6～7.5m的冲积阶地上，郊区为肥沃的三角洲平原，整个城市呈狭长的南北分布。达卡属热带季风气候，并且周期性地出现具有破坏性的旋风。3～6月中旬，湿度大，白天气温高达38℃。6月中旬至10月是夏季季风期，湿度仍然很大，但是气温却较低，且天气一般以多云为主。11月中旬至次年2月为凉爽季节，天气晴朗干燥且相当舒适。12月至1月期间，夜晚凉爽，气温常低于10℃。

1. 达卡城市人造地表占地比76.41%，裸地占地率5.63%

达卡市内建筑等人工地物密集，人造地表面积为276.61km²，占城镇总面积的76.41%（图3-7）。市区中有多处地表裸露，主要由城区改建造成，裸地占地率5.63%。农田分布较少且比较分散，总面积为14.89km²，占城区总面积的4.11%。由于位处甘加河北岸，达卡市内有多处支流和湖泊分布，水体分布面积约为50.13km²，占整个城区面积的13.85%。

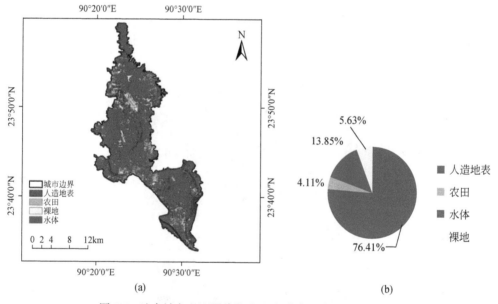

图3-7　达卡城市土地覆盖类型（a）分布及占地比例（b）

2. 达卡城市周边以农田和人造地表为主

以2010年土地覆盖数据（空间分辨率30m）为基础，以达卡建成区周边10km缓冲区为界线，分析其周边生态环境状况（图3-8）。达卡城市周边主要为农田和不透水层交错分布。缓冲区内，农田和人造地表占地面积分别为188.22km²和1285.55km²，占地比例分别为11.86%和80.99%。城区中部和北面有少量林地分布，占地面积约为69.40km²。缓冲区内的水域分布面积约为44.15km²，以甘加河支流和湖泊为主。

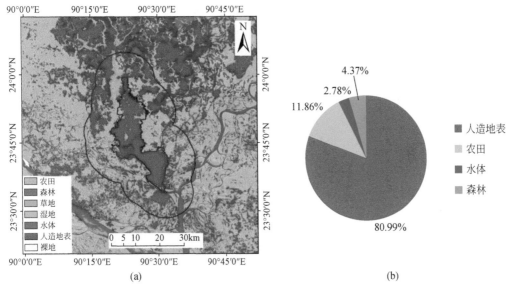

图 3-8　达卡建成区周边土地覆盖类型（a）及占地面积比例（b）

3.2.3　城市发展潜力评估

达卡城市建成区北部灯光指数相对饱和，城市增长速度较快，发展空间和潜力较大。

从 2000～2013 年达卡夜间灯光数据分布情况看，达卡市在这 14 年里最主要的扩展发生在城市北部和东部，小城镇持续扩展，进而与主城区相连，且扩张非常迅速（图 3-9）。目前，达卡的基础设施建设还相对落后，尤其交通状况欠佳，日后存在较大的发展潜力。

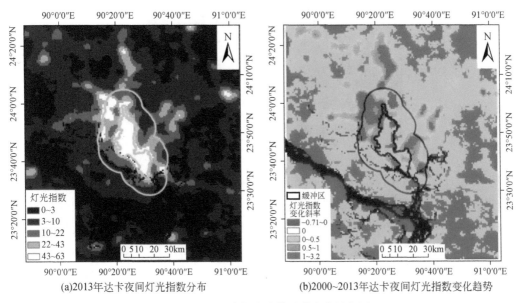

(a)2013年达卡夜间灯光指数分布　　(b)2000~2013年达卡夜间灯光指数变化趋势

图 3-9　达卡灯光指数及其变化趋势图

达卡为孟加拉国第一大城市，是全国的经济、文化中心和交通枢纽，还是亚洲公路网规划路线的重要节点城市：昆明—曼德勒—因帕尔—达卡—加尔各答，起到了连接孟中印缅4国和连接各国中心城市的作用。近年来，随着城市化进程的发展，达卡在工业、金融和经济等方面取得了较大发展，但同时也伴随着严重的交通拥堵、公共基础设施落后和环境污染严重等问题。作为"一带一路"倡议在南亚地区实施的节点城市之一，达卡将在各方面走出一条对外开放和发展的道路，这将进一步促进达卡的城市化进程和国际影响力。

3.3 卡 拉 奇

3.3.1 概况

卡拉奇是巴基斯坦第一大城市，是南亚地区"一带一路"倡议中的重要枢纽城市（图3-10）。

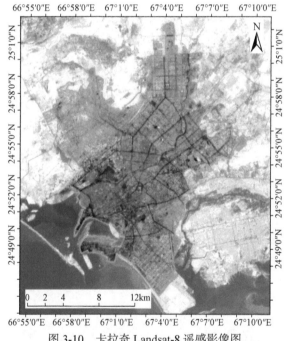

图3-10 卡拉奇Landsat-8遥感影像图

卡拉奇靠近巴基斯坦南部海岸，濒临阿拉伯海，位于印度河三角洲西北部，城市辖区总面积约3527km²，其中建成区面积约1821km²，总人口约2000万。城市总体地势呈现自东北向西南倾斜，海拔1.5～40m。卡拉奇地理位置十分重要，卡拉奇港是巴基斯坦最大的远洋深水港，港口条件优良，始建于1845年，分东、西码头和驳船、油码头，年吞吐量500万t，巴基斯坦95%以上的外贸物资及阿富汗的部分进出口物资都经过该港口。卡拉奇在进一步加强中巴战略合作，构建公路、铁路、海运交通体系，加快中国新疆地区物资流通，建立共同发展、共同繁荣的经济发展带几方面，起到了举足轻重的作用。

3.3.2 典型生态环境特征

卡拉奇的气候类型属于热带沙漠气候，一年大部分时间高温少雨，炎热难耐，夏季（5、6月）平均气温34℃，冬季（1、2月）平均气温13℃。雨量稀少，年平均降水量仅为200mm，且绝大部分集中于夏季的9～10d内。

1. 卡拉奇城市人造地表占地比例为83.78%，绿地覆盖率为10.89%

卡拉奇建筑用地分布十分密集，人造地表总面积为242.45km²，占建成区总面积的83.78%。绿地总面积为31.50km²，占建城区总面积的10.89%，呈点状或线状零散分布，大块连片分布集中在城区西部（图3-11）。人工绿地主要集中在街道两侧和居民区，通过交通路线的边坡绿廊连接，自然绿地极少。卡拉奇城区中有多处地表裸露，主要由城区改建造成，裸地总面积为15.37km²，占城区总面积的5.31%，集中分布在城区西北部，未来城市向西北部扩展潜力较大。卡拉奇地表水体面积极少，占城区总面积的0.02%，虽然城中有河流穿城而过，但降水补给极少，河流常年断流，河床以绿地为主。

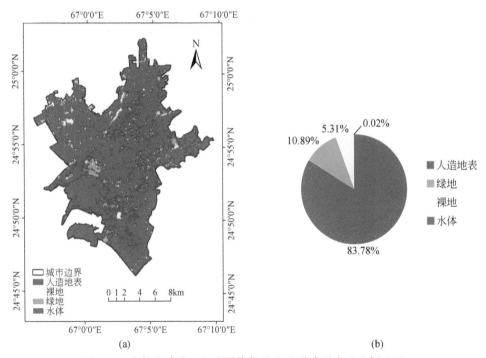

(a)   (b)

图 3-11 卡拉奇建成区土地覆盖类型（a）分布及占地比例（b）

2. 卡拉奇城市周边土地覆盖类型结构复杂，裸地、农田、水体、人造地表面积占比差异不大

以2010年土地覆盖数据（空间分辨率30m）为基础，以卡拉奇建成区周边10km缓冲区为界线，分析其周边生态环境状况（图3-12）。建成区10km缓冲区内土地覆盖类

型中农田的面积最大，为362.30km²，占缓冲区内总面积的29.56%，农田主要集中分布在城区外的东部和东北部，西部也有少量分布。草地面积为15.85km²，占缓冲区内总面积的1.29%，主要分布在城市西北部区域。灌丛面积为6.79km²，占缓冲区内总面积的0.55%，和草地交错分布，集中分布在城市西北部区域。湿地面积为119.10km²，占缓冲区内总面积的9.72%，集中分布在城区外的东南部河流入海口区域，西南部也有分布。卡拉奇濒临阿拉伯海，建成区周边10km缓冲区内地表水体面积为243.73km²，占缓冲区内总面积的19.89%。卡拉奇属于热带沙漠气候，建成区10km缓冲区内有大量裸地，面积为282.44km²，占缓冲区内总面积的23.05%，集中分布在城区外的西部和北部区域。城区外的人造地表主要分布在东部区域，城市东部生态环境质量较好。

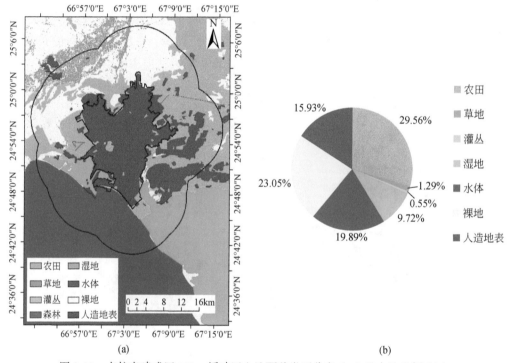

(a)　　　　　　　　　　　　　(b)

图3-12　卡拉奇建成区10km缓冲区土地覆盖类型分布（a）及占地比例（b）

3.3.3　城市空间分布现状、扩展趋势与潜力评估

卡拉奇城市建成区灯光指数相对饱和，东部和西北部发展空间和潜力较大（图3-13）。

2013年卡拉奇建成区内部及其东部地区的灯光指数已相对饱和。卡拉奇城市内部及其周边的灯光指数变化斜率图可以看出，城区内部灯光呈现零增长，这主要是因为城区内部的灯光指数已经饱和，故其变化速率几乎为零。城区南部、东部缓冲区内的灯光变化率呈缓慢增加趋势，增长斜率为0~0.5，缓冲区内的北部及西部部分地区灯光变化率呈快速增加趋势，增长斜率在0.5以上。未来卡拉奇向东部和西北部发展潜力较大。

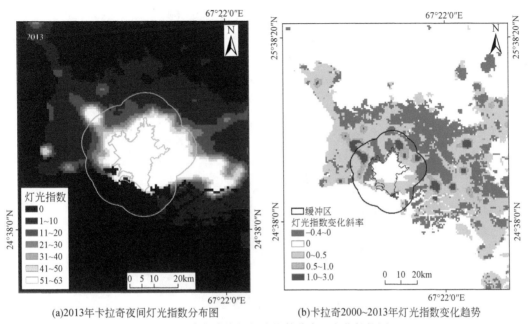

(a)2013年卡拉奇夜间灯光指数分布图　　　(b)卡拉奇2000~2013年灯光指数变化趋势

图 3-13　卡拉奇夜间灯光指数分布和变化趋势图

3.4　班加罗尔

3.4.1　概况

班加罗尔是印度南部重要城市,是印度的经济、文化、交通枢纽城市,在南亚地区"一带一路"中发挥着重要作用(图 3-14)。

班加罗尔是印度第三大城市,卡纳塔克邦的首府,面积 174.7km²,人口约 850 万人。班加罗尔是印度科技研究的中心,被誉为"亚洲硅谷",其中印度科学学院是印度历史最为悠久的大学和研究机构。班加罗尔的 IT 产业发展迅猛,仅 HOSUR 商业街就集聚了英特尔、通用、微软、IBM、SAP、甲骨文、德州仪器等 131 家国际知名品牌公司,班加罗尔的 IT 产业已成为印度的支柱产业。

3.4.2　典型生态环境特征

班加罗尔位于德干高原,海拔约 920m。气候类型属于热带季风气候,受地形和海陆位置的双重影响,气候温和宜人,最热月为 5 月,月平均气温为 27℃,最冷月为 12 月,月平均气温 21℃,年降水量为 924mm。

1. 班加罗尔城市人造地表占地比例为 68.21%,绿地占地率为 25.38%

班加罗尔建成区绿地面积广阔,总面积为 93.14km²,占总面积的 25.38%,空间分布模式为零星分布与连片分布交错分布,分布较为均匀,连片分布集中在西北—东南轴线的两侧，其中一部分为自然绿地。建成区人造地表面积为 250.30km²，占总面积的 68.21%，空间布局上与绿地交错分布，建筑密度较小，有利于抑制城市热岛效应、提高城市生态环境质量。班加罗尔建成区水体面积为 21.85km²，占总面积的 5.96%，以城内湖为主。班加罗尔城区的裸地分布极少，仅占总面积的 0.46%（图 3-15）。

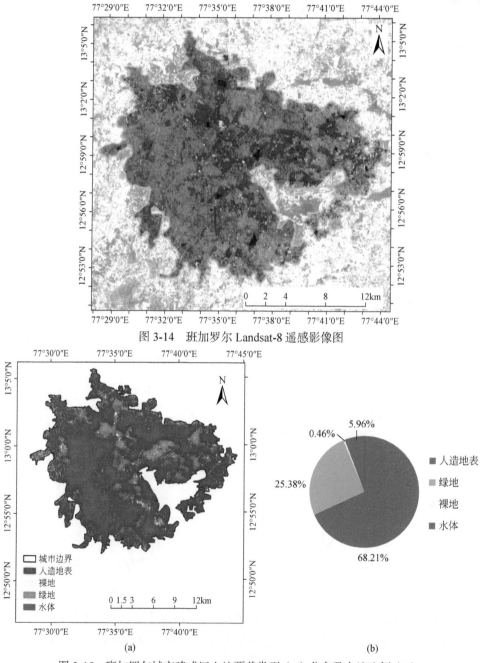

图 3-14 班加罗尔 Landsat-8 遥感影像图

图 3-15 班加罗尔城市建成区土地覆盖类型（a）分布及占地比例（b）

2. 班加罗尔城市周边以农田为主导

以 2010 年土地覆盖数据（空间分辨率 30m）为基础，以班加罗尔建成区周边 10km 缓冲区为界线，分析其周边生态环境状况（图 3-16）。建成区 10km 缓冲区内土地覆盖类型中农田的面积最大，为 1017.42km²，占缓冲区内总面积的 92.00%，广大的农田为城市提供了丰富的粮食资源。人造地表面积为 54.76km²，占缓冲区内总面积的 4.95%，主要布局在郊区城镇及其连接城区的交通干线上。草地面积为 17.91km²，占缓冲区内总面积的 1.62%，主要分布在班加罗尔机场附近。森林面积为 14.50km²，占缓冲区内总面积的 1.31%，主要分布在城区东北部。水体呈零星点状分布，面积较少，为 1.28km²，占缓冲区内总面积的 0.12%。

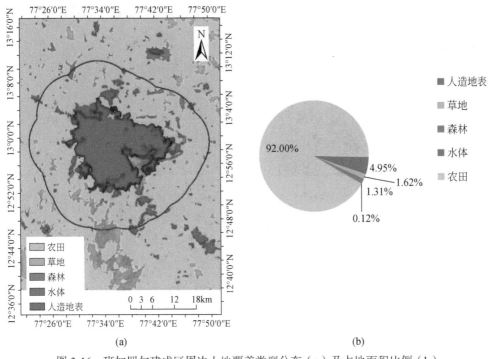

图 3-16　班加罗尔建成区周边土地覆盖类型分布（a）及占地面积比例（b）

3.4.3　城市扩展趋势与潜力评估

班加罗尔城市建成区灯光指数相对饱和、城区外环郊区及交通干线区增长速度较快，周边发展空间和潜力较大（图 3-17）。

2013 年班加罗尔建成区内部及其城市周边约 5km 范围内的灯光指数已相对饱和，沿交通干线区域的灯光指数也已相对饱和。从班加罗尔城市内部及其周边的灯光指数变化斜率图可以看出，建成区内部灯光呈现负增长，城区周边区域呈现缓慢增长，增长斜率为 0 ～ 0.5，城区周边 8 ～ 12km 环状区域内灯光指数呈高速增长，增长斜率在 1 以上，说明班加罗尔内城衰落、城市发展呈现向外围扩张的趋势，城市沿交通干线的放射状扩张趋势也十分显著。相对 2010 年的城市周边而言，2013 年班加罗尔城市边界有明显外扩趋势，按照这种发展速度推算，未来班加罗尔城市将持续沿城市周边和交通干线稳步快速扩张，其中东北部的发展潜力较大。

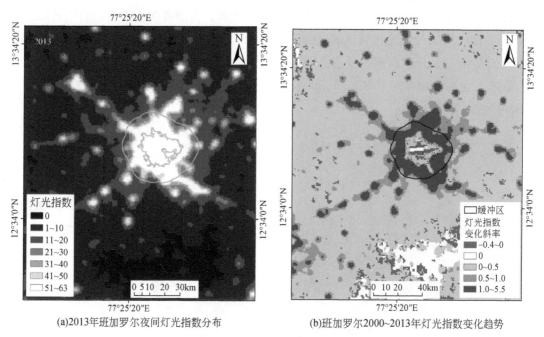

(a)2013年班加罗尔夜间灯光指数分布 (b)班加罗尔2000~2013年灯光指数变化趋势

图 3-17   班加罗尔夜间灯光指数分布和变化趋势

3.5 小 结

南亚"一带一路"实施的重点是通过新德里、班加罗尔、达卡和卡拉奇等重要节点城市的联动发展，带动南亚社会经济可持续发展。卡拉奇是中巴公路的重要节点，是中国新疆向南出海的最近门户，新德里、班加罗尔和达卡是南亚的重要交通、文化、经济枢纽，对中国和东盟国家互联互通意义重大。就以上城市的发展及变化来看，在过去的 14 年间（2000～2013 年）城市生态环境状况及社会经济有了明显的变化和改善，城市夜间灯光亮度增强，建成区范围扩张。新德里、班加罗尔、达卡城市周边的土地覆盖类型主要以农田和森林为主，水资源较为丰富，城市生态环境良好，尤其是班加罗尔建成区内的绿地占地率较高，城市生态环境良好。随着"一带一路"的实施，各项基础设施的不断建设和完善，上述节点城市与区域发展必将实现共赢，从而促进中国与南亚各国的双边贸易，加强区域社会经济发展。

第4章 主要经济合作走廊和交通运输通道分析

"一带一路"倡议中涉及南亚的经济廊道包括"中巴经济走廊"和"孟中印缅经济走廊"（图4-1）。目前"一带一路"构想规划的六大经济走廊中，"中巴经济走廊"和"孟中印缅经济走廊"是优先推进的2个项目，也是中国与南亚、东南亚国家进行互联互通的重要纽带。本章通过分析两条经济走廊100km缓冲区内的生态资源和主要生态限制因素，探讨经济廊道周边生态资源对廊道建设的支持及廊道基础设施建设对主要生态环境的影响，从而为经济走廊的建设提供参考。

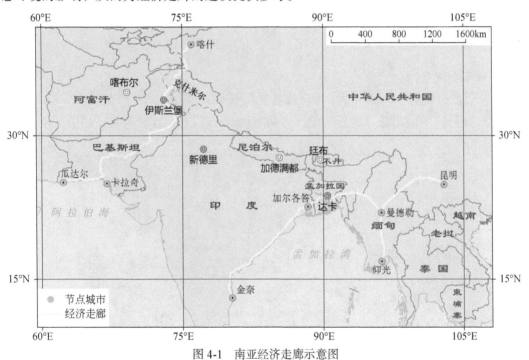

图 4-1 南亚经济走廊示意图

4.1 中巴经济走廊

"中巴经济走廊"起点在中国的喀什，终点在巴基斯坦的瓜达尔港，全长约3000km，穿越喀喇昆仑山脉、印度河平原和巴基斯坦南部沙漠，是连通中国和巴基斯坦的关键枢纽，是一条包括公路、铁路、油气和光缆通道在内的经济走廊和交通要道，是加强中巴之间交通、能源、海洋等领域的交流与合作，是加强两国互联互通的纽带。

公路方面，中巴喀喇昆仑公路（Karakoram Highway，KKH）是中巴经济走廊的重要组成部分，目前中国和巴基斯坦的陆路贸易全部通过该公路完成。中巴喀喇昆仑公路北起中国新疆喀什，经疏附、乌帕、托海、布仑口、塔什库尔干、达布达尔、红其拉甫、水不浪沟，翻越喀喇昆仑山红其拉甫达坂进入巴基斯坦控制区，再经过巴勒提特、吉尔吉特、齐拉斯、巴丹、比沙姆到达巴基斯坦北部城市塔科特，公路全长 1032km，其中中国境内 416km，巴基斯坦境内 616km。

铁路方面，巴基斯坦 1 号铁路干线是中巴经济走廊的重要组成部分，该铁路从卡拉奇向北经拉合尔、伊斯兰堡至白沙瓦，全长 1726km，是巴基斯坦最重要的南北铁路干线。哈维连站是巴基斯坦铁路网北端尽头，规划建设由此向北延伸经中巴边境口岸红其拉甫至喀什铁路，哈维连拟建陆港，主要办理集装箱业务。另外，经济走廊还规划从卡拉奇穿越南部的沙漠。与巴基斯坦西部的港口城市瓜达尔连通。

本节只针对"中巴经济走廊"巴基斯坦段开展遥感监测与分析。

4.1.1　廊道概况及自然环境介绍

1. 地形和气候

"中巴经济走廊"巴基斯坦段地形及坡度如图 4-2、图 4-3 所示。其北段穿越喀喇昆仑山脉和喜马拉雅山脉，地形崎岖，海拔在 3000m 以上，坡度较大（15°～40°）。

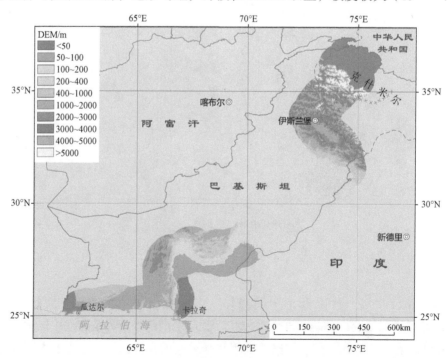

图 4-2　"中巴经济走廊"巴基斯坦段沿线地形图

中部地区为印度河冲积平原，地势平坦，海拔多在 350m 以下。南部沿海地区海拔较低，地势平坦，多为沙漠。西南部为伊朗高原部分，平均海拔在 1000m 左右，坡度为 10°～15°。

"中巴经济走廊"巴基斯坦段气候类型主要有热带和亚热带沙漠气候、热带季风气候、高山气候。其中，走廊西南部为热带和亚热带沙漠，终年高温少雨；冬季受副热带高气压和来自内陆的干旱东北信风的综合影响，缺乏降水，气候干燥；夏季来自印度洋的西南信风被伊朗高原和阿拉伯半岛阻挡，降水同样很少。"中巴经济走廊"中东部和南部主要是热带季风气候，夏季，该区域被来自印度洋的西南信风控制，降水充分；冬季，来自大陆的东北信风控制该地区，降水较少。经济走廊北部为高山气候，终年低温少雨。

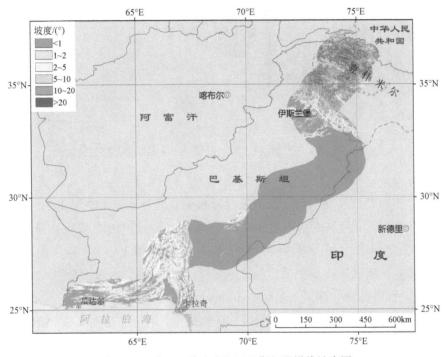

图 4-3 "中巴经济走廊"巴基斯坦段沿线坡度图

2. 气温

2014 年"中巴经济走廊"巴基斯坦段年平均气温空间分布（图 4-4）显示，气温低值主要分布在喀喇昆仑山脉和喜马拉雅山脉段，约为 -4℃，随着经济走廊向西南延伸，海拔高度降低，气温逐渐上升至 15℃，气温高值分布在巴基斯坦西南部，约为 28℃。兴都库什山脉受到地形影响，气温相对较低，年平均气温约为 20℃。走廊沿线不同城市温度差异明显，卡拉奇的年平均气温约为 25℃，瓜达尔附近的年平均气温高于 27℃。

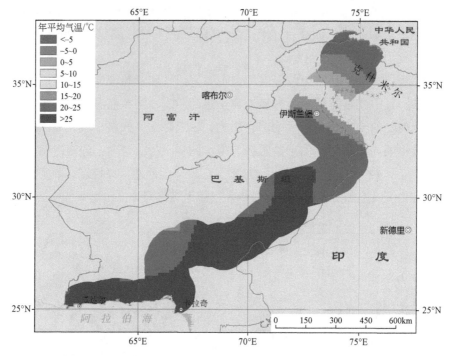

图 4-4 2014 年"中巴经济走廊"巴基斯坦段沿线年平均气温图

3. 水分盈亏

2014 年"中巴经济走廊"巴基斯坦段年降水量空间分布显示（图 4-5），青藏高原段年降水约为 500mm，随着海拔高度的降低，年降水量逐渐增加，青藏高原段和印度河平原段的过渡地带年降水量最高，约为 1700mm；随着经济走廊沿印度河向西南延伸，降水量逐渐减少，到巴基斯坦中部，年降水量低于 500mm；低值主要分布在巴基斯坦西部，在兴都库什山以西，年降水量少于 100mm。

2014 年"中巴经济走廊"巴基斯坦段年蒸散量空间分布（图 4-6）显示，青藏高原段蒸散量较低，不到 300mm，在印度河平原段的农田区，蒸散量最高，高值可达 1000mm，从卡拉奇向西南的荒漠区蒸散量最低，少于 100mm。

2014 年"中巴经济走廊"巴基斯坦段年水分盈亏量空间分布（图 4-7）显示，青藏高原段水分盈余量最多，可达 1000mm 以上，随着经济走廊向西南延伸，水分盈余量逐渐减少，到印度河平原段，水分匮缺达 500mm。自兴都库什山脉以西，由于降水量和蒸散量都较低，水分盈亏量几乎为 0mm。

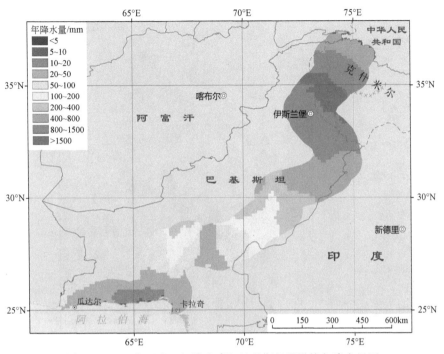

图 4-5 2014 年"中巴经济走廊"巴基斯坦段沿线年降水量图

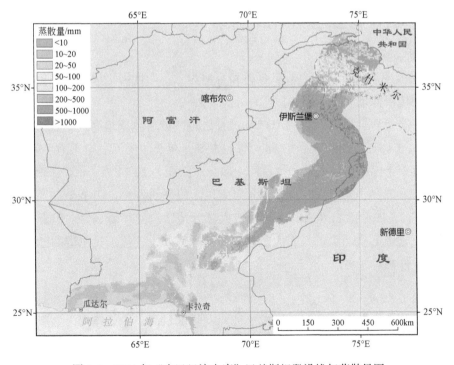

图 4-6 2014 年"中巴经济走廊"巴基斯坦段沿线年蒸散量图

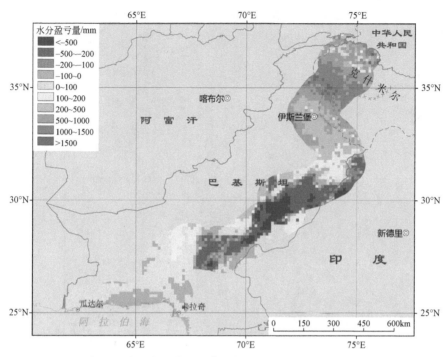

图 4-7   2014 年"中巴经济走廊"巴基斯坦段沿线年水分盈亏量图

4.1.2   生态环境特征与主要生态问题

1. 土地覆盖类型

走廊沿线缓冲区内青藏高原段以森林和草地为主，印度河平原段以农田为主，巴基斯坦南部沙漠段以裸地为主（图 4-8）。

"中巴经济走廊"巴基斯坦段 100km 缓冲区范围内覆盖率最高的是农田，总面积为 19.85 万 km²，占廊道范围总面积的 44.65%，主要分布于印度河沿岸（图 4-9）。其次是裸地，主要分布于巴基斯坦西部和阿富汗南部，总面积为 10.74 万 km²，占廊道总面积的 24.16%。草地和灌丛主要分布在克什米尔以南，面积分别为 5.09 万 km² 和 5.25 万 km²，占廊道面积的 11.45% 和 11.81%。廊道沿线大部分地区自然环境良好，但青藏高原段海拔高度较高，地形起伏较大，且有大量冰雪覆盖；另外，连接瓜达尔港的巴基斯坦南部沙漠段自然条件相对恶劣。

2. 土地开发强度

"中巴经济走廊"的印度河平原段土地开发强度较高，主要体现为垦殖性开发，其他区域开发强度较低。

采用土地开发强度指数（图 4-10）分析"中巴经济走廊"巴基斯坦段沿线的土地开

发强度及影响土地开发强度的自然环境和人为因素。廊道内土地开发强度最高的区域主要分布在走廊印度河平原段。这些被高度利用的区域主要受人为因素影响较大，主要是垦殖性开发，土地利用类型主要为农田。土地开发强度的低值区主要分布在青藏高原段和巴基斯坦南部沙漠段，其原因在于受该地区地形和气候的影响，人类活动受到限制，降低了对这些区域的开发利用。

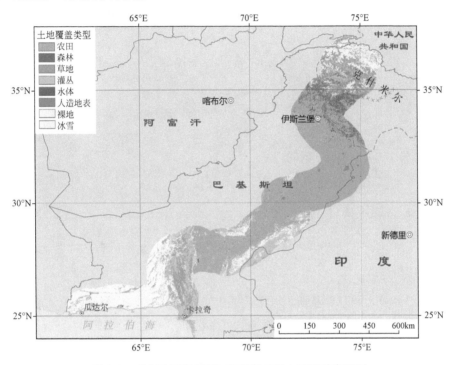

图 4-8　"中巴经济走廊"巴基斯坦段土地覆盖类型图

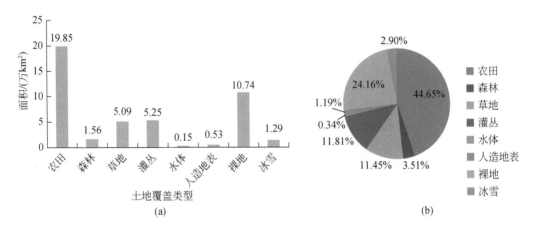

图 4-9　"中巴经济走廊"巴基斯坦段土地覆盖类型面积（a）及比例（b）

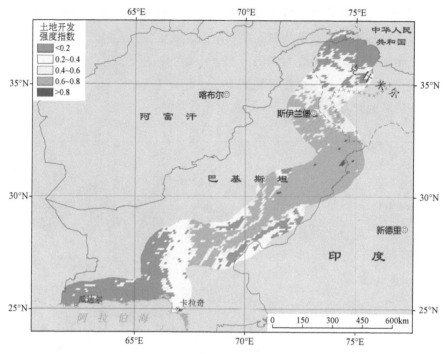

图 4-10 "中巴经济走廊"巴基斯坦段沿线土地开发强度指数分布图

3. 植被生长分布状况

1) "中巴经济走廊"巴基斯坦段缓冲区内森林地上生物量总量较小

利用 2014 年 1km 森林地上生物量遥感产品分析"中巴经济走廊"巴基斯坦段缓冲区森林地上生物量空间分布特征（图 4-11）。缓冲区内森林地上生物量总量较少，约 1.04 亿 t，主要分布在青藏高原段和印度河平原段的过渡地带，介于 50 ～ 100t/hm²，其他地区森林地上生物量较小。

2) "中巴经济走廊"巴基斯坦段缓冲区内植被 NPP 空间差异显著，青藏高原段和印度河平原段的过渡地带年累积 NPP 整体较高，其他地区年 NPP 总量较低

利用 1km 遥感年 NPP 总量产品分析 2014 年"中巴经济走廊"巴基斯坦段 100km 缓冲区内 NPP 的分布特征（图 4-12），缓冲区内植被总体生长状况较差，年 NPP 分布存在较大差异。青藏高原段植被生长缓慢，年 NPP 总量仅为 6 ～ 10gC/（m²·a）。随着海拔高度的降低，气候条件逐步适宜自然植被（尤其是亚热带常绿阔叶林）的生长，年 NPP 总量为 150 ～ 230gC/（m²·a）。最南侧的俾路支省降水稀少，分布有大量荒漠和草地，且草地的生长状况较差，年 NPP 总量仅为 12.9gC/（m²·a）。

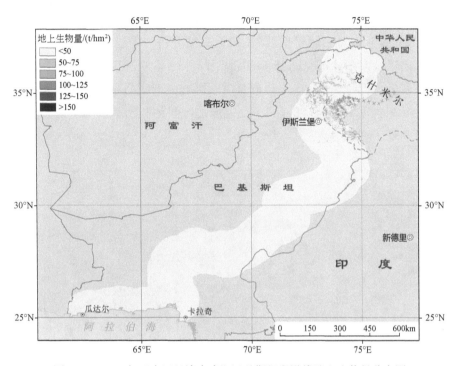

图 4-11　2014 年 "中巴经济走廊" 巴基斯坦段沿线地上生物量分布图

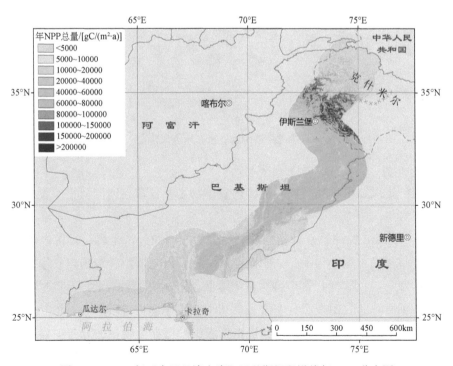

图 4-12　2014 年 "中巴经济走廊" 巴基斯坦段沿线年 NPP 分布图

3）"中巴经济走廊"巴基斯坦段缓冲区植被年最大LAI空间分布差异明显

利用1km遥感年最大叶面积指数（LAI）产品分析"中巴经济走廊"巴基斯坦段100km缓冲区内年最大LAI的空间分布特征（图4-13）。缓冲区内年最大LAI空间差异显著，但总体较低（低于3）。受土地覆盖类型影响，青藏高原段和印度河平原段的过渡地带森林的年最大LAI最高（2～3），但该地区灌丛和巴基斯坦南部沙漠段草地年最大LAI较低（低于0.2）。

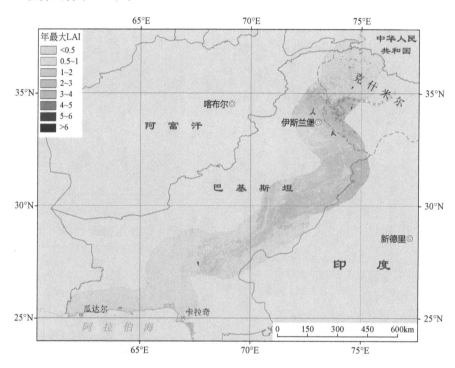

图4-13 2014年"中巴经济走廊"巴基斯坦段年最大LAI分布图

4. 农田生产力

"中巴经济走廊"巴基斯坦段缓冲区内农作物主要分布在印度河平原段，以一年两熟的种植模式为主。

利用2014年5km农作物复种指数数据，分析东南亚经济走廊缓冲区内农作物种植制度的空间分布格局（图4-14）。"中巴经济走廊"巴基斯坦段范围内农作物的种植制度以一年两熟为主。自东向西，随着降水量的降低，农作物的种植制度逐渐变为一年一熟。种植制度为一年两熟的农田在第一季度和第三季度农作物长势较好。一年一熟的农田只在第三季度农作物长势较好。另外，经济走廊农田的潜在生物量的分布也存在着明显空间差异，走廊中段农田潜在生产力较高，为320～400g/m²，但其他地区农田潜在生物量较低，均低于 200g/m²。

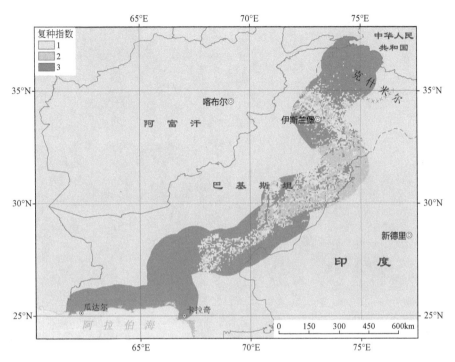

图 4-14　2014 年"中巴经济走廊"巴基斯坦段复种指数分布图

5. 城市建设状况

廊道中段印度河平原处城市发展较快，其他地区城市发展较慢。

2013 年的灯光指数分布图（图 4-15）表明"中巴经济走廊"巴基斯坦段沿线东部与西部之间差异明显，灯光最亮的地区主要分布在印度河沿岸的伊斯兰堡、白沙瓦和拉合尔等城市。这些城市临近河流、人口相对稠密，而且城市化水平相对较高，工业化水平相对发达。但是，经济走廊的北段和南段灯光指数都较低。青藏高原段有大量冰雪覆盖，巴基斯坦南部为沙漠，不适宜人类活动，因而人口稀少。

2000～2013 年中巴经济走廊内灯光指数的变化趋势（图 4-16）分布表明，"中巴经济走廊"巴基斯坦段 100km 缓冲区内城市化速度存在明显的空间差异。印度河沿岸的城市，例如伊斯兰堡、白沙瓦和拉合尔等城市，灯光指数增加的趋势均为 2～3。中巴经济走廊南段的印度河下游地区没有工业发达的城市，在过去 15 年间的城市扩展速度也较慢，具备建设新型城市的潜力。而卡拉奇到瓜达尔沿线需要经过大面积沙漠，自然资源相对匮乏，城市建设的潜力较差。

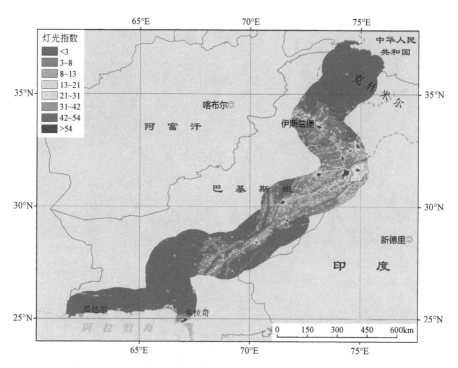

图 4-15　2013 年"中巴经济走廊"巴基斯坦段灯光指数分布图

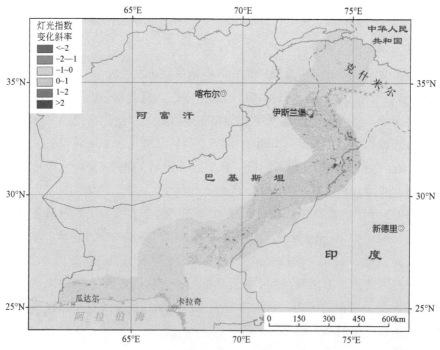

图 4-16　2000～2013 年"中巴经济走廊"巴基斯坦段灯光指数变化趋势分布图

4.1.3　廊道资源限制

1. 廊道北段地形险峻、南段主要为荒漠

"中巴经济走廊"巴基斯坦段北段属青藏高原，海拔较高、地形起伏较大、气温寒冷、终年积雪而且氧气稀薄，总体上自然条件严酷，"一带一路"建设中基础设施开发难度较大。另外，该地区生态系统脆弱，基础设施建设应注重生态环境的保护。经济走廊中段经过印度河平原，农田区的土地有少量退化（图4-17），但退化的土地面积较小，少于1万 km^2。经济走廊南段卡拉奇到瓜达尔区段主要为荒漠，终年高温少雨，且植被稀少，基础设施开发时应特别注意保护脆弱的生态系统。此外，开发过程中还应适当增加生态系统修复工程，在保护的同时实施退化生态系统的逐步修复。

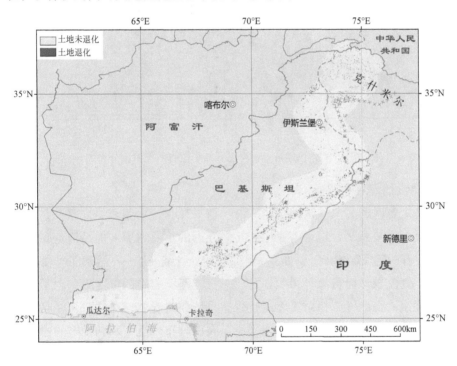

图 4-17　"中巴经济走廊"巴基斯坦段土地退化分布图

2. 廊道沿线穿越诸多自然保护区，需加强保护

"中巴经济走廊"巴基斯坦段沿线有大量国家公园和野生动物保护区（图4-18），如拉甫国家公园、科里斯坦野生动物保护区、塔尔野生动物保护区和 Kilik/Mintaka 野生动物保护区。这些保护区中分布有大量的动植物物种资源，具有维护生物多样性的功能，因此在"一带一路"开发建设中应该规避人类活动对自然保护区的影响。

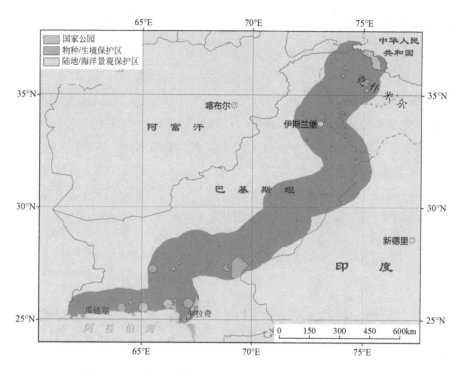

图 4-18 "中巴经济走廊"巴基斯坦段自然保护区分布图

4.1.4 廊道建设的潜在影响

中巴经济走廊联通了"丝绸之路经济带"和"21 世纪海上丝绸之路",在"一带一路"倡议中具有重要意义,也是南亚地区互联互通的重要通道。但经济走廊的建设对生态环境也存在着一定负面影响。例如,廊道北段地处青藏高原,自然条件严峻,海拔较高、地形起伏大、气温较低而且氧气稀薄,是"一带一路"实施的重要限制因子;经济走廊南段主要为荒漠,自然资源相对匮乏而且生态系统相对脆弱,在"一带一路"建设中应该注意保护。经济走廊中段地处印度河平原,农田分布广泛,基础设施的建设和城市的扩展可能引起城市周围耕地的减少。另外,经济走廊缓冲区范围内分布着国家公园和物种/生境保护区,拥有丰富的动植物基因库,具有生态系统多样性保护的生态系统功能,在开发过程中应尽量规避对保护区的影响。

4.2 孟中印缅经济走廊

"孟中印缅经济走廊"自我国云南昆明经缅甸、孟加拉国、印度连通印度洋,全长近 4000km,跨越了大陆性热带季风气候、热带季风气候,水热充足,自然条件良好。

"孟中印缅经济走廊"是一条正在规划中的经济走廊,南起印度港口城市金奈,经加尔各答,沿海岸线向北延伸,经过孟加拉国的达卡和锡莱特之后,重新穿过印度进入缅甸境内，经曼德勒、腊戍和木姐后最终进入中国云南省。走廊沿线区域的主要产业是农业和制造业，而服务业、新兴产业相对落后。"孟中印缅经济走廊"地处南亚和东南亚的交汇处，是中国西南地区进入印度洋周边地区最便捷的陆路通道，连接着中国西南省份与缅甸、孟加拉国以及印度东北部欠发达地区，走廊开发建设的全面实施有利于实现地区间联动发展，具有重要的经济意义。

本节只针对"孟中印缅经济走廊"的南亚段开展遥感监测与分析。

4.2.1　廊道概况及自然环境介绍

1. 地形和气候

"孟中印缅经济走廊"南亚段主要分布于印度东海岸和孟加拉湾地区，整体海拔低于 50m（图 4-19），且地势平坦，坡度小于 10°（图 4-20）。只有东端的曼尼普尔邦内分布着较多的丘陵和山地，海拔在 900 ~ 1100m 之间。该地区整体处于热带季风气候，全年高温；夏季降水丰沛，冬季少雨，大部地区年降水量为 1500 ~ 2500mm。

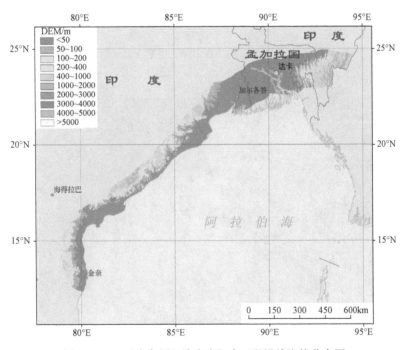

图 4-19　"孟中印缅经济走廊"南亚段沿线海拔分布图

2. 光合有效辐射

从"孟中印缅经济走廊"南亚段年均光合有效辐射分布图（图 4-21）可以看出，缓冲区内光合有效辐射呈现由西南向东北逐渐降低的趋势。孟加拉国和印度东北部的光合

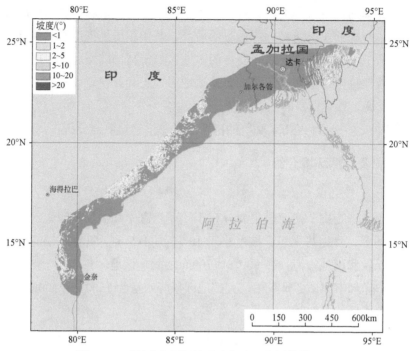

图 4-20 "孟中印缅经济走廊"南亚段沿线坡度图

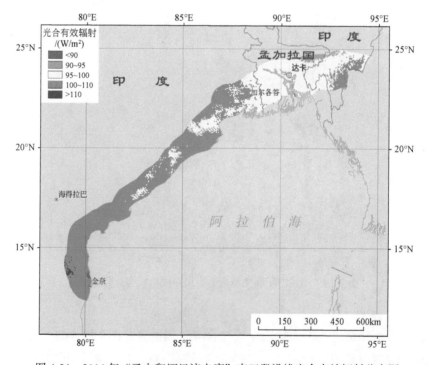

图 4-21 2014 年"孟中印缅经济走廊"南亚段沿线光合有效辐射分布图

有效辐射最低，为 95 ～ 100W/m²。随着纬度降低，印度东海岸的光合有效辐射增加，大致为 100 ～ 105W/m²。印度南部安得拉邦位于北纬 15° 附近，其沿海地区光合有效辐射最高，大于 105W/m²。

3. 气温

2014 年"孟中印缅经济走廊"南亚段年平均气温空间分布（图 4-22）显示，缓冲区内的年平均气温总体较高，且自东北向西南逐渐增加。孟加拉国和印度东北部走廊区内的年平均气温最低，约为 21℃。随着经济走廊向西南延伸，印度东海岸年平均气温也随之上升，印度南部安得拉邦年平均气温约为 28℃。

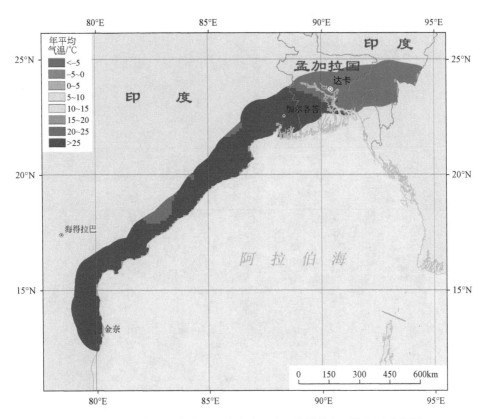

图 4-22　2014 年"孟中印缅经济走廊"南亚段沿线年平均气温分布图

4. 水分盈亏

2014 年"孟中印缅经济走廊"南亚段年降水量空间分布（图 4-23）显示，缓冲区内降水充沛，且呈现自东北向西南逐渐减少的趋势，孟加拉湾地区的年降水总量最多，为 2000mm，随着纬度降低，经济走廊沿线的降水量逐渐减少，印度南部安得拉邦年降水总量相对较少，约为 500mm。

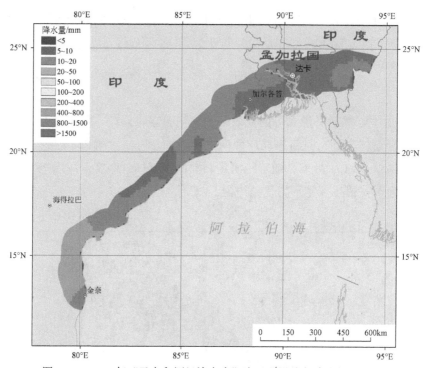

图 4-23 2014 年"孟中印缅经济走廊"南亚段沿线年降水量分布图

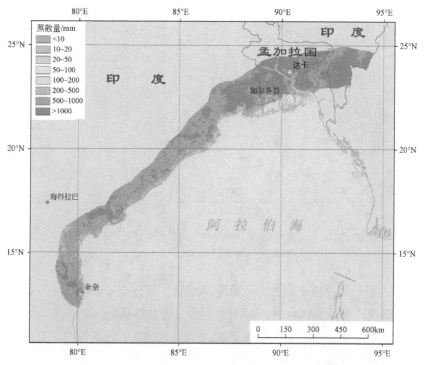

图 4-24 2014 年"孟中印缅经济走廊"南亚段沿线年蒸散量分布图

2014 年"孟中印缅经济走廊"南亚段年蒸散量空间分布（图 4-24）显示，走廊缓冲区的蒸散量呈现自东北向西南逐渐减少的趋势，孟加拉湾地区的年蒸散量最多，为 1500mm，随着纬度降低，经济走廊沿线的蒸散量逐渐减少，印度南部安得拉邦年蒸散量相对较少，约为 700mm。

2014 年"孟中印缅经济走廊"南亚段年水分盈亏量空间分布（图 4-25）显示，走廊东北段曼尼普尔邦的最南端金奈附近属水分匮缺，亏缺水量达 500mm。其他区域均总体水分盈余，盈余量为 200 ～ 1000mm。

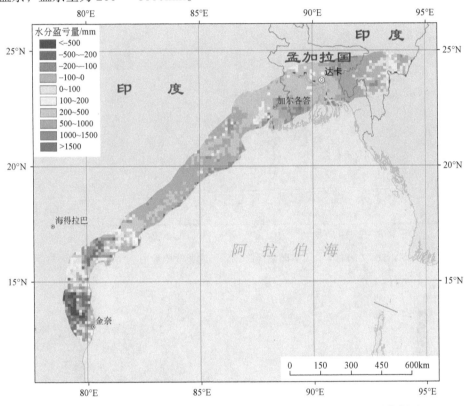

图 4-25　2014 年"孟中印缅经济走廊"南亚段沿线年水分盈亏量分布图

4.2.2　生态环境特征与主要生态问题

1. 土地覆盖类型

"孟中印缅经济走廊"南亚段缓冲区内主要土地覆盖类型为农田、森林和人造地表（图 4-26、图 4-27）。其中覆盖率最高的是农田，总面积为 20.76 万 km²，占廊道范围总面积的 64.39%，主要分布于印度东海岸和孟加拉湾沿岸地区。其次是森林，主要分布于印度曼尼普尔邦的山地和丘陵，总面积为 6.71 万 km²，占廊道总面积的 20.81%。人造地表面积为 2.49 万 km²，其他土地覆盖类型面积均小于 1 万 km²。

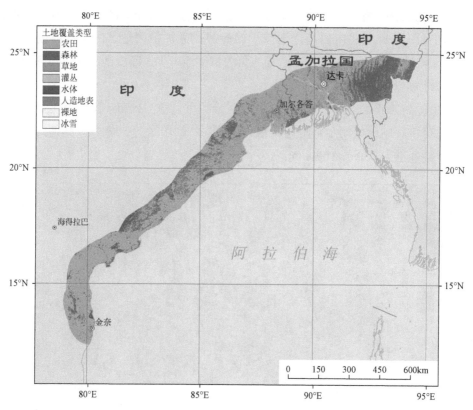

图 4-26　2014 年"孟中印缅经济走廊"南亚段土地覆盖类型分布图

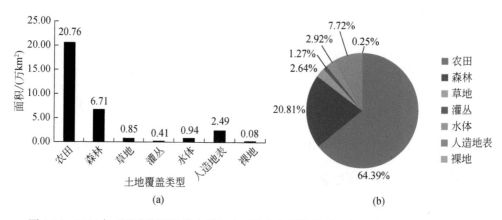

图 4-27　2014 年"孟中印缅经济走廊"南亚段土地覆盖类型面积（a）及所占比例（b）

2. 土地开发强度

采用土地开发强度指数分析"孟中印缅经济走廊"南亚段沿线的土地开发强度及影响土地开发强度的自然环境和人为因素（图 4-28）。"孟中印缅经济走廊"南亚段的土地开发强度总体较高。高土地开发强度的区域主要为垦殖性开发，例如，农田区的土

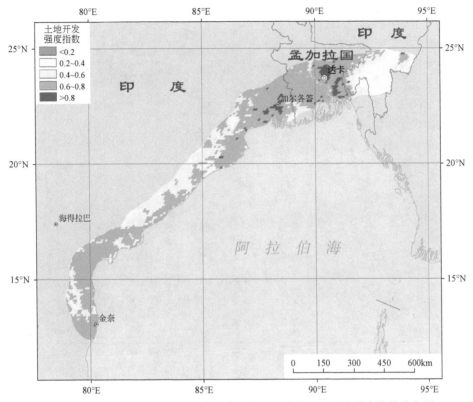

图 4-28　2014 年"孟中印缅经济走廊"南亚段沿线土地开发强度指数分布图

地开发强度均高于 0.6。走廊缓冲区内德干高原东部森林土地开发强度相对较低（介于 0.4 ～ 0.6）。走廊东北部的印度曼尼普尔邦内多为丘陵和山地，土地开发强度最低（低于 0.4）。

3. 植被生长分布状况

1）"孟中印缅经济走廊"南亚段缓冲区森林地上生物量总量较少

利用 2014 年 1km 森林地上生物量遥感产品分析"孟中印缅经济走廊"南亚段缓冲区森林地上生物量空间分布特征（图 4-29）。缓冲区内森林地上生物量总量约 0.04 亿 t，主要分布在印度曼尼普尔邦的丘陵地带。森林地上生物量约为 180t/hm²；德干高原东侧干热带林的森林地上生物量较小，最小值低于 50t/hm²。

2）"孟中印缅经济走廊"南亚段缓冲区内 NPP 空间差异显著，喜马拉雅亚热带林年累积 NPP 整体较高

利用 1km 遥感年 NPP 总量产品分析 2014 年"孟中印缅经济走廊"南亚段 100km 缓冲区内 NPP 的分布特征（图 4-30），缓冲区内总体植被生长状况欠佳，植被的年 NPP 分布存在较大差异。廊道东北部的印度曼尼普尔邦内有喜马拉雅亚热带林分布，自然林

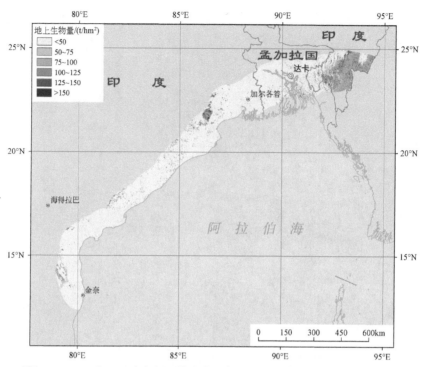

图 4-29　2014 年"孟中印缅经济走廊"南亚段沿线森林地上生物量分布图

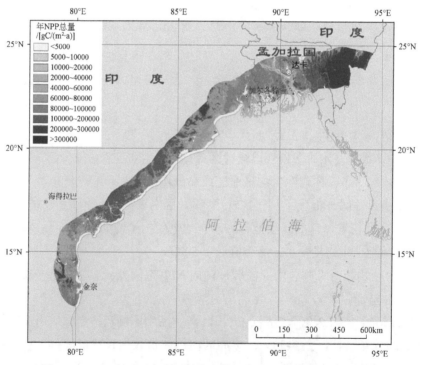

图 4-30　2014 年"孟中印缅经济走廊"南亚段沿线年 NPP 分布图

生长状况较好，年 NPP 大于 260gC/（m² · a）。而位于德干高原东侧的湿热带林，年 NPP 相对较低，为 100 ~ 150gC/（m² · a）。

3）"孟中印缅经济走廊"南亚段缓冲区内年最大 LAI 空间分布差异明显

利用 1km 遥感年最大叶面积指数（LAI）产品分析"孟中印缅经济走廊"南亚段 100km 缓冲区内年最大 LAI 的空间分布特征（图 4-31）。经济走廊缓冲区内年最大 LAI 空间差异显著。与年 NPP 总量类似，印度曼尼普尔邦丘陵林地的森林的年最大 LAI 最高，为 3 ~ 5.5，德干高原东侧的湿热带林年最大 LAI 相对较低，为 3 ~ 4，而农田的年最大 LAI 相对更低，为 1 ~ 3。

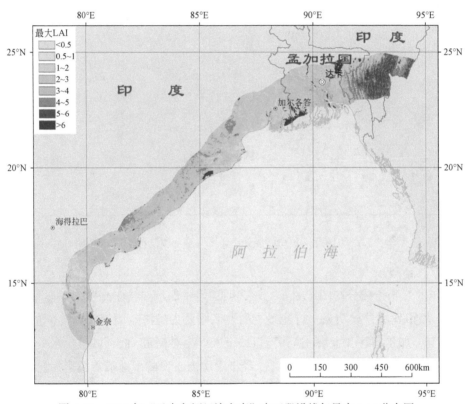

图 4-31　2014 年"孟中印缅经济走廊"南亚段沿线年最大 LAI 分布图

4. 农田生产力

从"孟中印缅经济走廊"南亚段的复种指数空间分布看（图 4-32），区域内作物的种植制度呈现出明显的地域性差异。印度东海岸作物的种植制度以一年一熟为主，局部地区为一年两熟。而位于恒河下游的孟加拉湾沿岸地区由于水热充足，农作物以一年三熟为主，仅个别地区呈现一年两熟。另外，经济走廊内的农田生物量也存在明显的空间分布差异，印度东海岸的农田潜在生物量最高；孟加拉湾地区虽然是一年三熟的种植制度，而潜在生物量却比较低。

图 4-32　2014 年"孟中印缅经济走廊"南亚段复种指数分布图

5. 城市建设状况

2013 年的灯光指数分布图（图 4-33）表明"孟中印缅经济走廊"南亚段整体城市化程度较低，城市发展差异明显。灯光最亮的地区主要为经济走廊沿线的几个主要港口城市，如吉大港、加尔各答和金奈，这些港口城市人口相对稠密，而且城市化水平相对较高，工业化水平相对发达。但是，从整体上看，经济走廊内主要的土地覆盖类型为农田和森林，城市化程度较低，灯光指数小于 10。

2000～2013 年"孟中印缅经济走廊"南亚段内灯光指数的变化趋势（图 4-34）分布表明，缓冲区内城市化速度整体较慢。只有达卡、加尔各答等几个港口城市的城市化速度较快，城市扩展比较明显，灯光指数的年增长斜率为 2～4。但是，廊道区域内整体地势平坦，且有许多具备继续扩展潜力的小型城镇（如内洛尔、卡恩度库尔等），有利于廊道范围内进一步的城市化发展和基础设施建设。

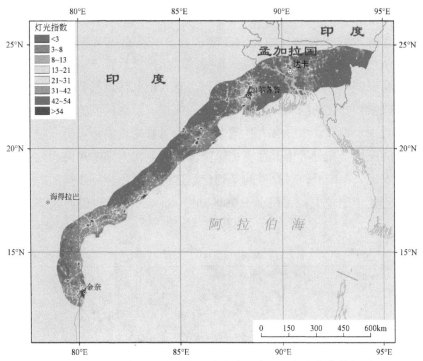

图 4-33　2013 年"孟中印缅经济走廊"南亚段灯光指数分布图

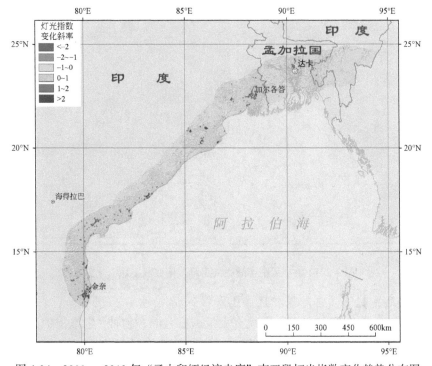

图 4-34　2000～2013 年"孟中印缅经济走廊"南亚段灯光指数变化趋势分布图

4.2.3 廊道限制因素

1.经济走廊东北段地势起伏较大，且降水较多，易出现洪涝灾害

"孟中印缅经济走廊"南亚段北段属喜马拉雅山南坡丘陵、海拔相对较高、地形起伏较大、终年高温多雨，总体上适合植被生长，有大量湿热带林分布，"一带一路"基础设施开发时既受到一定的限制，同时也应注意保护该地区典型的生态系统。孟加拉湾沿岸地区降水远大于蒸散，水分有大量盈余，因而容易出现洪涝灾害，进行廊道的基础设施开发建设时应给予充分考虑。经济走廊南段沿南亚次大陆的东海岸向南延伸，该区域水热充足，农田分布广泛，对廊道的基础设施建设提供了进一步拓展的潜力。另外，缓冲区范围内退化土地较少，面积小于7000km²（图4-35），也说明经济走廊具备较好的开发潜力。

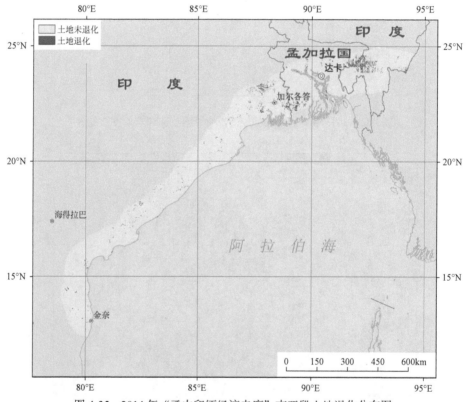

图4-35 2014年"孟中印缅经济走廊"南亚段土地退化分布图

2.廊道沿线穿越诸多自然保护区，需加强保护

"孟中印缅经济走廊"南亚段沿线有大量国家公园、物种/生境保护区和资源可持续利用保护区（图4-36），如西姆里帕尔物种保护区、吉尔卡动植物保护区、松达班森林保护区。这些保护区包含大量的动植物物种资源，具有重要的维护生物多样性的功能，进行廊道基础设施开发过程中在严格进行保护的同时，也要尽量减少对保护区的影响。

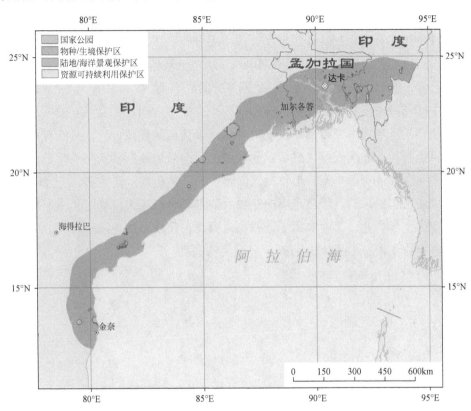

图 4-36　"孟中印缅经济走廊"南亚段自然保护区分布图

4.2.4　廊道建设的潜在影响

"孟中印缅经济走廊"南亚段贯穿印度东海岸，在"一带一路"中具有重要意义，也是南亚地区与中国和东南亚互联互通的重要路径。"孟中印缅经济走廊"南亚段沿线的产业结构以农业为主，经济走廊的建设有利于改变沿线地区的产业布局。但开发过程也会对生态环境造成一定的影响。例如，廊道东北段丘陵区内主要为喜马拉雅亚热带林，具有涵养水源的生态系统服务功能。经济廊道的基础设施建设可能对亚热带林生态系统造成一定的影响。再者，经济走廊大部分地区农田分布广泛，基础设施的建设和城市的扩展可能引起城市周围耕地的减少。另外，经济走廊缓冲区范围内分布着国家公园和物种 / 生境保护区，拥有丰富的动植物基因库，开发过程中应尽量回避。

4.3　小　　结

"中巴经济走廊"和"孟中印缅经济走廊"是"一带一路"倡议优先推进的 2 个项目。"中巴经济走廊"跨越了喜马拉雅山脉、印度河平原和巴基斯坦南部沙漠，廊道区域内地形相对复杂，土地覆盖类型空间分异显著。巴基斯坦段北部位于喜马拉雅山南麓，常年冰雪覆盖，植被生长状况较差，生态系统脆弱，而且人口稀少；开发成本较高，且开发时应注意生态环境保护。印度河平原段主要分布农田，人口密度较高，为经济廊道的开发建设提供了支撑保障。经济走廊南段至瓜达尔港穿越大片沙漠地带，自然植被稀少，生态环境恶劣，基础设施建设难度大且后期维护的成本高。

"孟中印缅经济走廊"连通中国和印度两个发展中大国，在互联互通中发挥了重要的交通枢纽作用。走廊南亚段的印度曼尼普尔邦多为山地丘陵，广泛分布着喜马拉雅亚热带林，自然林生长状况较好。经济走廊的孟加拉湾沿岸地区，水热充足，作物种植模式为一年多熟，农业资源丰富；但该地区降水过多，易出现洪涝灾害，开发经济走廊时应考虑到洪涝灾害的风险。经济走廊南亚次大陆东海岸地区人口稠密，土地覆盖以农田为主，农业为主导产业，工业和第三产业相对薄弱，区域城镇化水平较低，因而"一带一路"所倡导的互联互通可以显著带动当地经济的发展。

参 考 文 献

庄大方，刘纪远 . 1997. 中国土地利用程度的区域分异模型研究 . 自然资源学报，12（2）：105-111.

Gong P，Wang J，Yu L，et al. 2013. Finer resolution observation and monitoring of global land cover：first mapping results with Landsat TM and ETM+ data. International Journal of Remote Sensing，34（7）：2607-2654.

Hao P，Wang L，Niu Z，et. al. 2014. The potential of time series merged from Landsat-5 TM and HJ-1 CCD for crop classification：A case study for bole and manas counties in Xinjiang，China. Remote Sensing，6（8）：7610-7631.

Hao P，Niu Z，Zhan Y，et al. 2016. Spatiotemporal changes of urban impervious surface area and land surface temperature in Beijing from 1990 to 2014. Giscience & Remote Sensing，53（1）：63-84.

Olson D M，Dinerstein E，Wikramanayake E D，et al. 2001. Terrestrial ecoregions of the world：A new map of life on Earth. BioScience，51（11）：933-938.

Peel M C，Finlayson B L，McMahon T A. 2007. Updated world map of the Köppen-Geiger climate classification. Hydrology and Earth System Sciences，11（5）：1633-1644.

Wu B F，Meng J H，Li Q Z，et al. 2014. Remote sensing-based global crop monitoring：Experiences with China's CropWatch system. International Journal of Digital Earth，7（2）：113-137.

Wu B F，Zhang M，Zeng H W，et al. 2017. New indicators for global crop monitoring in CropWatch - case study in North China Plain. 35th International Symposium on Remote Sensing of Environment. Beijing.

Yu L，Wang J，Li X C，et al. 2014. A multi-resolution global land cover dataset through multisource data aggregation. Science China Earth Sciences，57（10）：2317-2329.